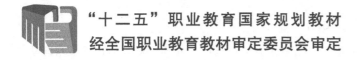
"十二五"职业教育国家规划教材

经全国职业教育教材审定委员会审定

# 计算机编程基础
# （C#）

张文库　林华均　康　梅　主　编

电子工业出版社.

Publishing House of Electronics Industry

北京·BEIJING

## 内 容 简 介

本书根据教育部颁发的《中等职业学校专业教学标准（试行）信息技术类（第一辑）》中的相关教学内容和要求编写。本书的编写从满足经济发展对高素质劳动者和技能型人才的需求出发，在课程结构、教学内容、教学方法等方面进行了新的探索与改革创新，以利于学生更好地掌握本课程的内容，以及学生对理论知识的掌握和实际操作技能的提高。

本书以 C#语言标准为蓝本，从过程化编程的基本描述，到对象化编程的方法展开，整个课程根据内容分为 10 章，重点介绍了 C#的基本语法，类、对象、方法和属性的定义，WinForm 基础和 ADO.NET，每章都以案例的形式逐步讲解，并且最终实现案例，每章结束前，编有上机操作和课后实践，供学生进行练习和理解，每个案例和上机练习都严格遵循软件开发流程设计，侧重规划设计与程序代码的编写。

本书是网站建设与管理专业的核心课程教材，也可以作为各类计算机网络培训班的教材，还可以供网站建设与管理人员参考学习。本书配有教学指南、电子教案和案例素材。

**图书在版编目（CIP）数据**

计算机编程基础.C# / 张文库，林华均，康梅主编. —北京：电子工业出版社，2022.2

ISBN 978-7-121-24951-8

Ⅰ. ①计… Ⅱ. ①张… ②林… ③康… Ⅲ. ①C 语言—程序设计—中等专业学校—教材 Ⅳ. ①TP312

中国版本图书馆 CIP 数据核字（2014）第 275746 号

责任编辑：罗美娜　　文字编辑：王　炜
印　　刷：北京天宇星印刷厂
装　　订：北京天宇星印刷厂
出版发行：电子工业出版社
　　　　　北京市海淀区万寿路 173 信箱　邮编　100036
开　　本：880×1 230　1/16　印张：14.75　字数：340.5 千字
版　　次：2022 年 2 月第 1 版
印　　次：2023 年 9 月第 4 次印刷
定　　价：45.00 元

凡所购买电子工业出版社图书有缺损问题，请向购买书店调换。若书店售缺，请与本社发行部联系，联系及邮购电话：（010）88254888，88258888。

质量投诉请发邮件至 zlts@phei.com.cn，盗版侵权举报请发邮件至 dbqq@phei.com.cn。

本书咨询联系方式：（010）88254617，luomn@phei.com.cn。

# 前言 | PREFACE

　　为建立健全教育质量保障体系，提高职业教育质量，教育部颁布了中等职业学校专业教学标准（以下简称专业教学标准）。专业教学标准是指导和管理中等职业学校教学工作的主要依据，是保证教育教学质量和人才培养规格的纲领性教学文件。在《教育部办公厅关于公布首批<中等职业学校专业教学标准（试行）>目录的通知》中强调："专业教学标准是开展专业教学的基本文件，是明确培养目标和规格、组织实施教学、规范教学管理、加强专业建设、开发教材和学习资源的基本依据，是评估教育教学质量的主要标尺，同时也是社会用人单位选用中等职业学校毕业生的重要参考。"

## 本书特色

　　本书根据教育部颁发的《中等职业学校专业教学标准（试行）信息技术类（第一辑）》中的相关教学内容和要求编写。

　　本书以 C#语言标准为蓝本，从过程化编程的基本描述，到对象化编程的方法展开，整个课程根据内容分为 10 章，重点介绍了 C#的基本语法，类、对象、方法和属性的定义，WinForm基础和 ADO.NET，每章都以案例的形式进行逐步讲解，并且最终实现案例，每章结束前，编有上机操作和课后实践，供学生练习和理解，每个案例和上机练习都严格遵循软件开发流程设计，侧重规划设计与程序代码的编写。

　　通过学习使学生从零基础开始走向初级程序员。了解 C#语言的基本语法，熟悉类、对象、方法和属性的定义与使用，熟练掌握 WinForm 中基本控件和菜单的使用，熟练掌握窗体的常用属性、方法和事件，了解 ADO.NET 的基本概念与组成，熟练应用 Connection、Command、DataReader、DataAdapter 和 DataSet 对象的属性和方法，掌握 DataSet 和 OOP 在三层结构中的数据传递。

　　为了方便教学，我们还提供了为本书配套的电子资料包，主要包含以下内容：

- ✓ 每章的电子教案；
- ✓ 每章案例的完整源代码；
- ✓ 上机部分的完整源代码；
- ✓ 每个作业部分的答案和完整源代码，便于未按教学进度完成项目的学生使用。

## 学时分配

　　本书参考学时为 96 学时，具体分配见本书配套的电子教案。

## 本书作者

本书由张文库、林华均和康梅担任主编，叶文秀、张洁和陈欢担任副主编，参加编写的人员还有杨晓飞和周玫娜。教材编写分工如下：陈欢编写第一章，叶文秀编写第二章，林华均编写第三章，周玫娜编写第四章，杨晓飞编写第五章，张洁编写第六章，康梅编写第七章和第八章，张文库编写第九章和第十章。全书由张文库进行统稿和审校。

由于作者水平有限，书中难免有错误和不妥之处，恳请广大师生和读者批评指正。

## 教学资源

为了提高学习效率和教学效果，方便教师教学，作者为本书配备了电子教案、教学指南、案列完整源代码，以及习题参考答案等配套的教学资源。请有此需要的读者登录华信教育资源网（http://www.hxedu.com.cn）免费注册后进行下载，有问题时请在网站留言板留言或与电子工业出版社联系（E-mail:hxedu@phei.com.cn）。

编　者

# CONTENTS | 目录

第1章

# 基本语法（一）

## 1.1 概述

本书是.NET 学习的开始，首先介绍整个.NET 的体系结构，包括运行环境和开发环境；然后介绍一种新的语言——C#，这是一种既适合没有开发经验的初学者，又适合建立复杂信息系统的专业程序员使用的开发语言。

**本章主要内容：**

① 了解.NET 平台；

② 了解 Visual Studio 2010 环境；

③ 熟练掌握使用变量的方法；

④ 熟练掌握使用输入和输出的方法；

⑤ 熟练掌握条件语句的使用。

## 1.2 .NET

2000 年 6 月，微软公司推出了.NET 平台，它用一种全新的思想将 Internet 和万维网集成到了软件开发、工程、发布和使用中。它有着优秀的语言兼容性，让开发人员可以使用多种开发语言（C#、VB.NET、C++、F#等）来开发应用程序。

虽然在今后的学习中将重点讲解 C#语言，但它自始至终都不是单独存在的。它需要.NET 框架（.NET Framework）提供的运行平台，Visual Studio 2010（以下简称 VS 2010）提供的开发环境，以及 MSDN 提供的大量示例，所以在开始学习 C#之前，需要做一些准备工作。

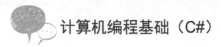 

### 1.2.1 .NET 框架

.NET 框架是所有.NET 程序运行所必需的，这个框架也是微软公司整个.NET 战略的核心，它为下一个十年的 Web 和 Windows 的开发提供了强有力的支持。.NET 框架是一个采用系统虚拟机方式运行的编程平台，包含许多有助于互联网和内部网应用迅捷开发的技术，在公共语言运行库（Common Language Runtime，CLR）的基础上，支持多种语言（C#、VB.NET、C++、Python 等）的开发。

.NET 框架旨在实现以下目标。

① 提供一个一致的面向对象的编程环境，无论对象代码是在本地存储和执行，还是在本地执行但在 Internet 上发布，或者是在远程执行。

② 提供一个将软件部署和版本控制冲突最小化的代码执行环境。

③ 提供一个代码执行环境，在这个环境下即使是由未知的或不完全受信任的第三方创建的代码，也可以安全地被执行。

④ 提供一个可消除脚本环境或解释环境性能问题的代码执行环境。

⑤ 使开发人员的经验在面对类型大不相同的应用程序时保持一致。

⑥ 按照工业标准生成所有通信，以确保基于.NET 框架的代码可与其他任何代码集成。

总之，.NET 框架是一个致力于敏捷软件开发、快速应用开发、平台无关性和网络透明化的软件开发与运行平台。

### 1.2.2 CLR

.NET 框架的核心是其运行库执行环境，称为公共语言运行库或.NET 运行库。CLR 提供了一个可靠而完善的多语言运行环境，简化了应用程序的开发配置和管理，从而使组件能在多语言环境下跨平台工作。通常将在 CLR 控制下运行的代码称为托管代码（Managed Code）。

但是，在 CLR 执行编写好的源代码之前，需要进行编译。在.NET 中，编译分为如下两个阶段。

① 将源代码编译成 Microsoft 中间语言（Microsoft Intermediate Language，MSIL）。

② CLR 将 MSIL 编译为平台专用的代码。

所以，.NET 应用程序是被编译两次的，这个精心设计的过程很重要，它给用户带来了很多优点，如平台无关性、提高性能和语言的互操作性等。

### 1.2.3 MSDN

在绝大部分书籍中，微软开发者网络（Microsoft Developer Network，MSDN）多是一个被忽略的部分，但是所有微软开发工程师都知道它的重要性。对于初学者来说，善于使用 MSDN 是迅速提高自己技能的一个很有用的方式。

MSDN 技术资源库是微软公司为软件和网站开发人员提供的技术资源库，是使用微软技术开发软件或应用程式时必定会参访的，同时，它也提供了订阅服务，由微软公司不定时供应最新的软件及技术文件。早期 MSDN 技术资源库是免费开放的，所有人都可在线上阅读，从 Visual Studio 2005 开始，MSDN Library 还提供了免费的网络下载。

MSDN 技术资源库的在线版本在微软公司的 MSDN 网站上可以访问，而基于物理介质的离线版本则可以通过 MSDN 订阅服务或购买 Visual Studio 获得。从 2006 年开始，离线版本的 MSDN 技术资源库可以从微软下载中心下载。

Visual Studio 支持在安装 Visual Studio 时，选择安装 MSDN 技术资源库到本地计算机，或者使用在线版本。本地版本的访问比在线版本快，但是需要数吉字节的硬盘空间。每个 MSDN 技术资源库版本都支持一个或多个 Visual Studio 版本。

### 1.2.4 C#

C#由安德斯·海尔斯伯格（Anders Hejlsberg）主持开发，微软公司在 2000 年发布了这种语言。它是一种基于.NET 框架的、面向对象的高级编程语言，由 C 语言和 C++派生而来，继承了其强大的性能，又以.NET 框架类库作为基础，拥有类似 Visual Basic 的快速开发能力。

C#读作 C Sharp，微软公司借助这样的命名，表示 C#在一些语言特性方面相对 C++的提升，并且希望借助这种语言来取代 Java。目前 C#已经成为欧洲计算机制造联合会（European Computer Manufactures Association，ECMA）和国际标准化组织（International Standard Organized，ISO）的标准规范。ECMA 为 C#标准列出了如下设计目标。

① 应设计成为一种"简单、现代、通用"，以及面向对象的程序设计语言。

② 应提供对以下软件工程要素的支持：强类型检查、数组维度检查、未初始化的变量引用检测、自动垃圾收集（指一种自动内存释放技术）。软件必须做到强大、持久，并且具有较强的编程生产力。

③ 为在分布式环境中的开发提供适用的组件开发应用。

④ 为使程序员容易迁移到这种语言，源代码的可移植性十分重要，尤其对那些已熟悉 C 和 C++的程序员而言。

⑤ 对国际化的支持非常重要。

⑥ 为独立和嵌入式的系统编写程序，从使用复杂操作系统的大型系统到特定应用的小型系统均适用。

当然，相对于 C 和 C++，C#也在许多方面进行了限制和增强。

① 指针只能被用于不安全模式。大多数对象访问通过安全的引用实现，以避免无效的调用，并且有许多算法用于验证溢出，指针只能用于调用值类型，以及受垃圾收集控制的托管对象。

② 对象不能被显式释放，当不存在被引用时，通过垃圾回收器回收。

③ 只允许单一继承（Single Inheritance），但是一个类可以实现多个接口（Interfaces）。

④ 与 C++相比，C#拥有更加安全的类型管理。默认的安全转换是隐含转换，如由短整型转换为长整型和从派生类转换为基类。而接口布尔型同整型、枚举型同整型不允许隐含转换，非空指针（通过引用相似对象）同用户定义类型的隐含转换必须被显式确定，不同于 C++的复制构造函数。

⑤ 数组声明语法不同（使用"int[] a = new int[5]"，而不是"int a[5]"）。

⑥ 枚举位于其所在的命名空间中。

⑦ C#中没有模板（Template），但是在 C# 2.0 中引入了泛型（Generic Programming），并且支持一些 C++模板不支持的特性，如泛型参数中的类型约束。此外，表达式不能像 C++模板那样被用于类型参数。

⑧ 属性支持，使用类似访问成员的方式调用。

⑨ 完整的反射支持。

# 1.3 Visual Studio 2010

Microsoft Visual Studio 是微软公司的开发工具套件系列产品。Visual Studio 是一个基本完整的开发工具集，它包含整个软件生命周期中所需要的大部分工具，如 UML（Unified Modeling Language，统一建模语言）工具、代码管控工具、集成开发环境等。所编写的目标代码适用于微软公司支持的所有平台，包括 Microsoft Windows、Windows Mobile、Windows CE、.NET Framework、.NET Compact Framework 和 Microsoft Silverlight。

## 1.3.1 Visual Studio 的历史

从 20 世纪 90 年代开始，微软公司开始持续不断地发布 Visual Studio，至今已有 8 个不同版本的 Visual Studio，表 1-1 中列出了各个 Visual Studio 版本的发布时间和运行基础。

表 1-1　Visual Studio 版本的发布时间和运行基础

| Visual Studio 版本 | 发 布 时 间 | 框　　架 |
| --- | --- | --- |
| Visual Studio 97 | 1997 | |
| Visual Studio 6.0 | 1998 | |
| Visual Studio .NET 2002 | 2002 | .NET Framework 1.0 |
| Visual Studio .NET 2003 | 2003 | .NET Framework 1.1 |
| Visual Studio 2005 | 2006 | .NET Framework 2.0 |
| Visual Studio 2008 | 2008 | .NET Framework 2.0/3.0/3.5 |
| Visual Studio 2010 | 2010 | .NET FrameWork 4.0 |
| Visual Studio 11 Beta | 未知 | 未知 |

### 1.3.2 Visual Studio 2010

在后续的学习中，将采用 Visual Studio（以下简称 VS）2010 作为开发环境，除因为它是最新版本的环境外，还具有以下优点。

① 界面被重新设计和组织，变得更加清晰和简单，能够更好地支持多文档窗口及浮动工具面板，并且对于多显示器的支持也有所增强。

② .NET Framework 4.0 支持开发面向 Windows 7 的应用程序。

③ 除了 Microsoft SQL Server，它还支持 DB2 和 Oracle 数据库。

④ 内置 Microsoft Silverlight 开发支持。

⑤ 支持高亮引用。

如图 1-1 所示为典型的 VS 2010 开发环境界面，包括以下 6 个部分。

① 菜单栏：包含所有开发、维护与执行程序的命令。

② 工具栏：包含菜单栏中常用命令的快捷方式。

③ 工具箱：包含程序开发过程中使用的定制控件。

④ 解决方案资源管理器：用于访问解决方案中的所有文件。

⑤ 属性窗口：用于显示当前所选窗体、设计视图中的控件或文件属性。

⑥ 窗体设计器：用于设计和制作程序中的窗体。

图 1-1　VS 2010 开发环境界面

### 1.3.3 创建项目

所有.NET 项目都有对应的项目模板，应根据项目的类型选择不同的模板。创建.NET 项目的步骤如下。

① 从"开始"菜单中启动 VS 2010，如图 1-2 所示。也可以直接将该应用程序发送至桌面，然后双击图标启动。

图 1-2　启动 VS 2010

② 在"起始页"中选择"新建项目"选项，如图 1-3 所示。

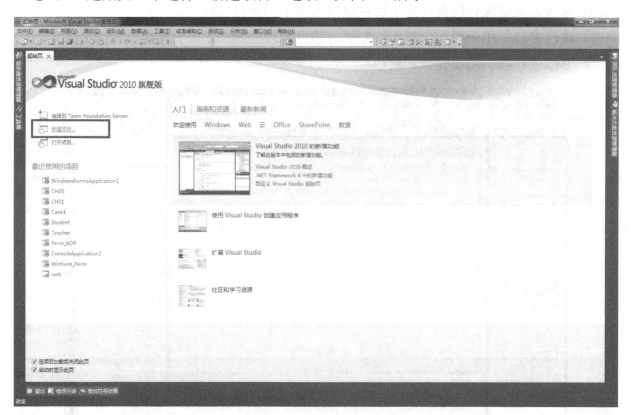

图 1-3　新建项目

③ 在打开的"新建项目"对话框的左侧选择 Visual C#为开发语言，在中上部选择.NET Framework 的版本，在项目模板中选择合适的模板，在对话框底部的"名称（**N**）："文本框中输入项目的名称，在"位置（**L**）："文本框中输入项目的保存路径，或者单击"浏览（**B**）…"按钮选择保存路径，其他内容默认即可，最后单击"确定"按钮完成项目的创建，如图 1-4 所示。

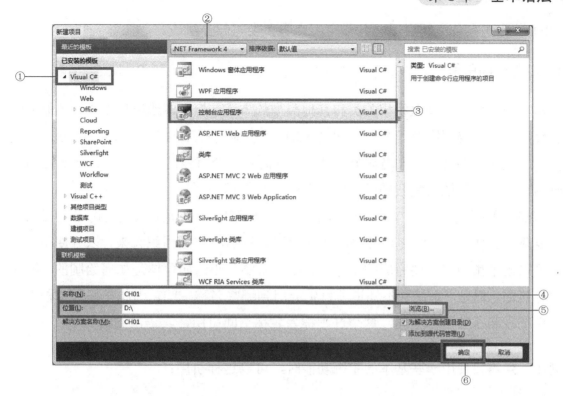

图 1-4 创建.NET 项目

## 1.3.4 控制台应用程序

通过上述过程，即可创建一个控制台应用程序，如图 1-5 所示。

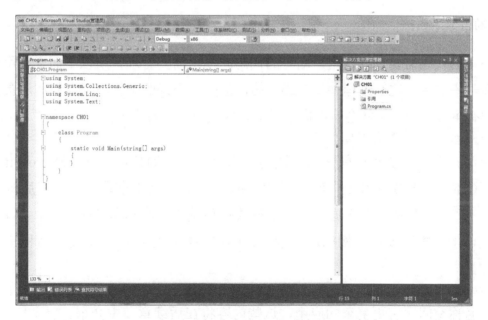

图 1-5 控制台应用程序界面

在界面右侧的解决方案资源管理器中，可以清楚地看到项目名称是 CH01，在这个项目下有两个文件夹，其中"Properties"文件夹中存放着系统程序集文件，"引用"文件夹中列出了当前项目所用到的系统程序集。Program.cs 文件就是创建的第一个项目的代码文件。在窗体设计器中，系统已经把 Program.cs 文件打开了，由此可以了解.NET 程序的组成结构。

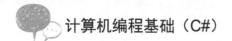

.NET 程序由名称空间引用、名称空间声明和类三部分组成。

### 1. 名称空间引用

名称空间提供了一种组织相关类和其他类型的方式。与文件或组件不同，名称空间是一种逻辑组合，而不是物理组合。名称空间是.NET 管理应用程序的一种手段，因为在系统开发的过程中会产生大量的文件、代码甚至项目，所以需要一个有效的管理手段，就像图书馆将成千上万册图书分门别类地放置在书架上以方便查找和管理一样。

在.NET 程序开发过程中，用户是不需要事必躬亲的，事实上微软公司已经帮助用户完成了很多复杂的工作，并且将完成这些工作的代码通过名称空间组织起来，以方便用户使用。这使用户可以集中精力在所要完成的工作上，而不需要关心诸如窗体是如何绘制的，控件是如何工作的等问题。但是，系统并不知道项目中会用到哪些名称空间，因此在编程过程中，用户需要告诉系统需要哪些名称空间，这个过程称为名称空间引用，其语法结构如下。

```
using 名称空间；
```

例如，当需要使用一些基本的系统功能时，可以这样引用：

```
using System；
```

如果需要使用系统提供的对象来操作 SQL Server 数据库，则必须这样引用：

```
using System.Data.SqlClient；
```

系统定义的名称空间有很多，完成不同的编程任务需要使用不同的名称空间，当然，不可能也没有必要将所有系统名称空间都记下来，了解和熟悉常用的几个名称空间即可。

### 2. 名称空间声明

微软公司的代码需要管理，用户编写的代码同样也需要管理，所以下面介绍用户自己声明的名称空间。事实上，这个过程并不是必需的，但是一个好的编程习惯会使程序员的学习和开发变得更加有条理，否则可能会看不懂自己编写的代码。名称空间声明的语法如下。

```
namespace 名称空间名称
```

名称空间在命名时要尽可能使用易读的标识符名称，如公司名称（Microsoft、NF 等）、项目名称（CH01、MyBookShop 等），采用 Pascal 命名法（首字母大写，其后每个单词的首字母大写，下同），不要使用下画线、连字符或任何其他非字母数字的字符，尽管 C#名称空间支持中文，但不推荐使用。例如，在刚创建的控制台程序中，自定义的名称空间默认就是项目的名称。

```
namespace CH01
```

当然，名称空间还有更复杂的应用，这些内容将在后续章节中介绍。

### 3. 类

在 C#中，类是一个很有趣的存在，它可以大到包含程序的全部，也可以小到只有一行代码；它可以是复杂的，也可以是简单的。对它有着严格的规范限制，但是又可以随心所欲地发挥用户的想象力去设计。当然，现阶段不需要了解这些，只需要知道如何定义和使用自己的类即可。

定义类的语法结构如下。

```
[访问修饰符] class 类名称
```

在前面所创建的控制台程序中，系统定义了一个类。

```
class Program
```

这里的类并没有访问修饰符，因为程序还没有复杂到需要使用访问修饰符的程度，但在以后的学习中将会用到访问修饰符，到时会详细介绍。

类命名时需要注意：因为不同的位置、不同的程序，命名方式会有所区别，但在命名时尽可能采用易于阅读和理解的标识符，如对象的名称（Teacher、Book 等）、操作的名称（SQLOption、BookDAL 等），由字母、数字和下画线构成，不能以数字开头，不能包含空格，采用 Pascal 命名法，不要采用 AA、BB 等没有任何说明意义的名称，不推荐使用中文。

### 4．Main()

所有的应用程序都需要有一个开始的地方，所以要明确告诉计算机从哪里开始执行程序。控制台应用程序开始的地方就是 Main()方法。在 C#中声明一个 Main()方法的语法如下。

```
[访问修饰符] static void Main([string[] args])
```

或者

```
[访问修饰符] static int Main([string[] args])
```

需要注意：首先，Main()方法必须是静态的，即需要 static 关键字修饰，静态方法会在后面的章节中介绍；其次，Main()方法的首字母是大写的，参数可以有也可以没有；最后，Main()方法可以没有返回，也可以返回一个整型值。

在一个应用程序中是可以定义多个 Main()方法的，但是应用程序只能使用其中的一个，就好像一个酒店有很多个房间，但客人一次只能住一个房间一样。需要使用哪个 Main()方法可以通过项目属性来设置，即在项目上右击，在弹出的快捷菜单中选择"属性（R）"选项即可打开属性设置窗体，在窗体的"启动对象（O）："下拉列表框中进行相关设置，如图 1-6 所示。

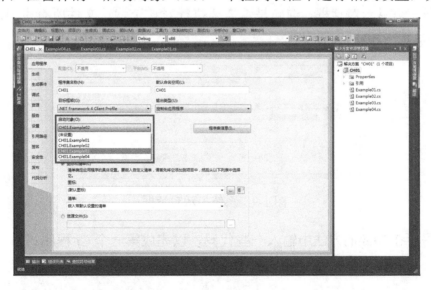

图 1-6　设置启动对象

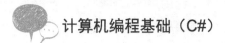

# 1.4 简单的C#程序

计算机程序具有两个基本的功能：输入和输出。输入就是通过鼠标、键盘或其他方式向计算机中写入数据；输出就是计算机将其操作的结果反馈给用户。这两个基本功能集合在一起就构成了人机交互。在讲解了控制台应用程序后，下面介绍如何使用C#完成输出功能。

## 1.4.1 简单输出

打开 VS 2010，创建一个新的控制台应用程序，项目名称为CH01。这里需要对项目做一个小小的调整，默认情况下系统会在新创建的项目中添加一个文件 Program.cs，而这里需要更改其名称。

右击 Program.cs 文件，在弹出的快捷菜单中选择"重命名（M）"选项即可，如图 1-7 所示。

也可以在解决方案资源管理器中选中 Program.cs 文件，在其属性窗口中修改文件名，如图 1-8 所示。

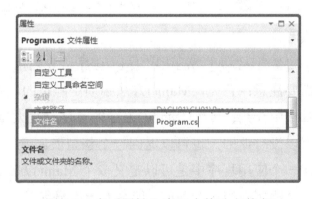

图 1-7 修改文件名称　　　　图 1-8 在"属性"窗口中修改文件名

因为在本章中会有多个不同的例子出现，所以将文件名修改为Example01.cs。当完成修改后，系统会打开一个提示对话框，询问是否需要执行对这个默认文件所有引用的修改，这里单击"是（Y）"按钮，如图 1-9 所示。

图 1-9 系统提示对话框

接下来，需要在 Main()方法中输入一些代码，以完成第一个 C#程序。

```
static void Main(string[] args)
{
    Console.WriteLine("Hello World!");
```

```
        Console.ReadLine();
    }
```

在上面的代码中，使用了一个系统的类 Console，它主要用来操作控制台应用程序的标准输入和输出。它有很多方法，这里用到了其中的一个方法 WriteLine()，其作用就是向控制台输出信息，这里选择输出一个字符串"Hello World!"。

在这个方法的后面，又使用了 Console 类的另一个方法 ReadLine()，它的作用是从标准输入流读取一行字符。当程序执行的过程中遇到它时，程序会停下来等待用户的输入，当然，这里使用它的原因只是让程序执行到此后停止，否则用户什么也看不见。

按 F5 键，或者单击工具栏中的"启动调试（F5）"按钮执行程序，如图 1-10 所示。

图 1-10　执行程序

第一个 C#程序就这样诞生了，其运行结果如图 1-11 所示。

图 1-11　第一个 C#程序的运行结果

另一个能够完成此功能的方法是 Console.Write()，它的作用是向控制台输出一个字符串，和 WriteLine()方法的区别在于，Console.Write()方法只是输出一个字符串，而 WriteLine()方法除输出一个字符串外还会在末尾加上一个换行符。尝试使用两个方法分别输出两次"Hello World!"，然后观察输出结果，即可明白这两个方法的区别。

## 1.4.2　转义

显然，简单地输出"Hello World!"字符串是没有意义的，更多时候程序员面对的是复杂的输出要求，如一张表格、一个图形等，这时需要一些其他技术来帮助程序员。

例如，发布通知是所有计算机系统都需要具备的基本功能，现在需要完成一个简单的通知发布，输出样式如图 1-12 所示。

图 1-12　发布通知

这样的需求该如何实现呢？

人们通常会采用四条 Console.WriteLine()语句，这显然不是一个好的解决方案，甚至不能算是一个解决方案，因为如果需要发布一个 1000 字的通知怎么办？所以需要寻找其他方法。

在 C 语言中有一个专用的换行符 "\n"，这个符号在 C#中也可以使用，同样能够使用的还有其他通用制表符，如 "\r" "\t" 等。事实上，在 C#中反斜杠（\）称为转义符，它可以告诉 C#其后所出现的字符是字符串中的特殊字符，在字符串中出现反斜杠时，C#将反斜杠与下一个字符结合起来，构成转义序列。表 1-2 列出了常用的转义序列。

表 1-2　常用的转义序列

| 转 义 序 列 | 描　　述 |
| --- | --- |
| \n | 将光标移动到下一行开头，即换行 |
| \r | 将光标移动到当前行开头，其后输出的字符将覆盖原有的内容 |
| \t | 将光标移动到下一个制表位 |
| \\ | 将反斜杠放入字符串中 |
| \" | 将引号放入字符串中 |

有了这些转义符，程序员可以很轻松地用一条语句来完成图 1-12 中的内容。

```
static void Main(string[] args)
{
    Console.WriteLine("\t\t\t通知\n\t今天下午3点整在会议室开会，讨论新系统的数据库\n设计问题。请第一项目组全体成员相互转告准时参加。\n\t\t\t\t\t2012.05.30");
    Console.ReadLine();
}
```

在上面的代码中，依然采用了 Console.WriteLine()方法，但与第一个例子不同的是，在输出的字符串中加入了若干个转义符。

# 1.5　加法计算器

在 1.4 节中我们学习了如何向控制台输出字符串，但在一个完整的应用程序中既有输出也有输入，用户的输入必须有相应的接收者，能够承担这个任务的就是变量。

## 1.5.1　问题

计算器是经常用到的一个小程序，这里从加法入手，制作一个简单的加法计算器，运行效果如图 1-13 所示。

图 1-13　加法计算器运行效果

加法计算器的需求如下。

① 需要对用户有足够的提示。

② 提示和数字在一行显示。

③ 需要接收用户输入的两个数字。

④ 两个数字相加。

⑤ 分别输出两个数字及其相加的结果。

### 1.5.2　需求分析

#### 1. 输出

对于加法计算器的需求，有些是很容易实现的，如提示信息的输出可以采用 Console.Write() 方法来实现。

```
Console.Write("请输入第一个数字: ");

Console.Write("请输入第二个数字: ");
```

这里也可以使用 WriteLine() 方法，但是提示和数字将会出现在两行中。

#### 2. 输入

如何接收用户的输入呢？要实现此功能需要学习一个新的方法：ReadLine()。这个方法也是属于 Console 类的，它的作用就是接收用户的输入，直到按回车键结束，它可将用户的输入自动转换成一个字符串。

```
string name = Console.ReadLine();
```

#### 3. 变量

要想使用好 Read Line() 方法，必须使用变量，因为这个方法只负责接收，并不负责存储，所以需要用其他方法将用户的输入信息临时存储起来，这样才不会丢失这些值。变量就是这些值的容器。C#中定义变量的语法如下。

```
[访问修饰符] 数据类型 变量名称[ = 值]
```

访问修饰符决定了变量能够被什么人访问，默认是私有的。数据类型则告诉系统这个变量能够存放哪种值，数据类型可以是系统的内置类型，也可以是用户自定义的类型。变量名称就是指该变量的名称，变量在命名时需要遵循以下规范。

① 必须以字母开头。

② 只能由字母、数字和下画线组成，不能包含空格、标点符号、运算符等其他符号。

③ 不能与 C#中的关键字名称相同。

④ 不能与 C#中的库函数名称相同。

实际应用中变量的定义语法可以有多种变体，例如。

```
//定义一个变量并赋值
int i;
i = 10;

//定义一个变量并赋值
```

```
    int j = 10;

    //定义多个变量并赋值，注意，多个变量类型必须相同
    int k, l = 10;

    //定义不同类型的变量必须使用单独的语句
    double pi = 3.1459d;
    float f = 12.3f;
    string name = "Tom";
```

需要注意的是，变量在使用之前必须经过初始化，即赋初值，否则编译器不允许在程序中使用这个变量。另外，最好定义有使用价值和需要的变量，如果变量定义后未使用，尽管不影响程序的运行，但是在程序编译时会产生一个警告信息。

### 4．类型转换

在加法计算器中操作的都是整数，但是采用 ReadLine()方法接收的则是一个字符串，因此这里就需要对用户的输入进行类型转换。在 C#中常用的类型转换方式有两种：Parse()方法和 Convert 类。

Parse()方法可以将字符串转换成指定的类型，它是作为特定数据类型的一个方法而存在的，因此一般用于比较简单的类型转换，如 int.Parse()、float.Parse()等。Convert 类适用于更加复杂的类型转换，这个类提供了一系列的方法来将一种类型的值转换成另一种类型的值，如 Convert.ToInt32()、Convert.ToDecimal()等。在程序中，因为所需要的操作很简单，涉及的数据类型也不多，因此选择使用 Parse()方法来实现类型转换。有关 Convert 类的使用会在后面的相关内容中介绍。

## 1.5.3  实现加法计算器

在完成了所有分析工作之后，即可动手来完成加法计算器的制作，其代码如下。

```
static void Main(string[] args)
{
    //声名变量
    int num1 = 0, num2 = 0, result = 0;
    //接收用户的输入
    Console.Write("请输入第一个数字：");
    num1 = int.Parse(Console.ReadLine());

    Console.Write("请输入第二个数字：");
    num2 = int.Parse(Console.ReadLine());
    //计算结果
    result = num1 + num2;
    //输出结果
    Console.WriteLine();
    Console.WriteLine("您输入的第一个数字是：{0}；\n您输入的第二个数字是：{1}；
\n它们的和是：{2}。", num1, num2, result);
    Console.ReadLine();
}
```

在上面的代码中，首先声明了三个整型变量，并赋予了初始值 0；其次，通过两个相同的输出和输入结构来完成提示信息的输出和用户输入的接收，这里使用了类型转换，将用户输入的字符串转换成整型；最后，完成一个数学运算，通过 "+" 运算符将两个变量相加并赋给第三个变量 result。在使用 WriteLine() 方法实现换行后，用一个复杂的输出语句来显示最终的结果，在这条语句中用到了占位符 "{0}"，它的作用和在 C 语言中的占位符是一样的。

# 1.6 计算器

我们通过学习已经可以接收用户的输入，在程序中对用户的输入进行简单的处理，并且将处理的结果反馈给用户，这就已经具备了程序的基本要素。但是，这些是不够的，没有人喜欢一个只能做加法的计算器，因此需要继续深入地开发计算器。

## 1.6.1 问题

一个完整的计算器至少应该能够完成加、减、乘、除运算，所以接下来继续开发计算器，将其做成一个能够完成加、减、乘、除运算的简单计算器，如图 1-14 所示。

尽管这个计算器很简单，同前面制作的加法计算器非常相似，但是它已经可以根据用户输入的运算符来决定运算方式了。

图 1-14　能完成加、减、乘、除运算的计算器

## 1.6.2 需求分析

### 1. 运算符

在大多数程序中都要进行数学运算，这时算术运算符就是不可缺少的了，表 1-3 中列出了常见的算术运算符。

表 1-3　算术运算符

| 运　算 | 算术运算符 | C#表达式 |
|---|---|---|
| 加 | + | a + b |
| 减 | − | a − b |
| 乘 | * | a * b |
| 除 | / | a / b |
| 求余 | % | a % b |

在使用算术运算符时需要格外注意的是，不要将代数中的运算习惯带入到计算机中，如在代数运算中 6/4 得到的结果是 1.5，而在计算机中 6/4 得到的结果却是 1，因为两个整数操作的结果只能是整数。当然，有些操作无论是代数运算还是计算机运算都是一样的，如 6 + 5 * 2 的结果在代数运算中是 16，而在计算机运算中也是 16。

除了算术运算符，C#中还有关系运算符，表 1-4 中列出了常见的关系运算符。

表 1-4　关系运算符

| 运　算 | 关系运算符 | C#表达式 |
| --- | --- | --- |
| 相等 | = | a = b |
| 不相等 | != | a != b |
| 大于 | > | a > b |
| 小于 | < | a < b |
| 大于或等于 | >= | a >= b |
| 小于或等于 | <= | a <= b |

关系运算符在使用时经常会遇到优先级的问题，很多资料中都会列出一个长长的表格，将各种运算符的优先级列出来，其实可以不列出表格，有一个简单的解决方法就是使用"()"，因为它具有一个很重要的功能，即提升优先级。

### 2．条件语句

作为一名程序员，一旦设置用户输入信息功能，就必须面对一个无法回避的问题，即用户不按要求输入。例如，要求用户输入 1，但是用户不小心输入了 2，显然程序在这里必须对用户的输入进行相关验证，并且将验证的结果反馈给用户。这时，需要根据情况来决定要做的事情，采用条件语句就是很好的选择。在 C#中条件语句有两种：if...else 结构和 switch 结构。

条件语句可以根据条件是否满足或根据表达式的值来控制代码的执行路径，对于条件分支，C#继承了 C 和 C++的结构，即

```
if(条件表达式)
    程序语句
[else if
    程序语句
else
    程序语句]
```

在使用的过程中，需要注意以下 4 点。

① 条件表达式必须返回布尔值。

② 如果程序语句有多条，则需要用花括号"{}"把这些语句组合成一个块。

③ else if 结构和 else 结构都是可选的，因此可以单独使用 if 语句，也可以将它们集合在一起使用。

④ else if 语句的数量是不受限制的，可以根据需要编写一个或多个。

在制作的计算器中，运算符需要用户输入时，可以通过条件语句来判断用户的输入。

```
//加
if (op == "+")
```

```
    result = num1 + num2;

    //减
    if (op == "-")
        result = num1 - num2;

    //乘
    if (op == "*")
        result = num1 * num2;

    //除
    if (op == "/")
        result = num1 / num2;
    }
```

也可以采用下面的方式。

```
    if (op == "+")         //加
        result = num1 + num2;
    else if (op == "-")  //减
        result = num1 - num2;
    else if (op == "*")  //乘
        result = num1 * num2;
    else if (op == "/")  //除
        result = num1 / num2;
    else
        Console.WriteLine("您的输入有误！");
```

上面两个代码片段实现的功能是一样的，区别只是所采用条件语句的结构不同。相比较而言，第二个代码片段的结构更加紧凑，而且可以明显地看出这是一个完整的、多分支的判断结构。

switch…case 语句是 C#中另一个用于分支判断的结构，它适合从一组互斥的分支中选择一个执行。其形式是 switch 参数的后面跟着一组 case 子句，如果 switch 参数中表达式的值等于某个 case 字句旁边的值，则执行该 case 子句中的代码。

```
    switch(参数)
    {
    case 值1:
        [break;]
    case 值2:
        [break;]
    [default:
        break;]
    }
```

对于 switch 结构来说，在使用时需要注意以下 4 点。

① case 子句不需要使用"{}"符号。

② case 子句的值必须是常量表达式，不允许使用变量。

③ 如果 case 子句只有值而没有语句，则可以不写 break，否则 break 是不能缺少的。

④ default 子句的作用是如果表达式的值不符合任何一个 case 子句的值，则执行 default 子句的代码。它不是必需的，但是作为一个好的编程习惯，强烈建议在 switch 结构中加上 default 子句。

可以使用 switch 结构来完成前面的判断。

```
switch (op)
{
    case "+":
        result = num1 + num2;
        break;
    case "-":
        result = num1 - num2;
        break;
    case "*":
        result = num1 * num2;
        break;
    case "/":
        result = num1 / num2;
        break;
    default:
        Console.WriteLine("您的输入有误！");
        break;
}
```

上面的代码中采用了 switch 结构来完成对用户输入的判断，参数用来存放用户输入的变量 op，4 个 case 分别对应加、减、乘、除的运算，最后的 default 子句用来处理用户的错误输入。

### 1.6.3　实现计算器

有了运算符和条件语句，即可完成计算器的制作，其实现代码如下。

```
static void Main(string[] args)
{
//声明变量
float num1 = 0, num2 = 0, result = 0;
string op = "";

//接收用户输入
Console.Write("请输入第一个数字：");
num1 = float.Parse(Console.ReadLine());

Console.Write("请输入第二个数字：");
num2 = float.Parse(Console.ReadLine());

Console.Write("请输入运算符[+、-、*、/]：");
op = Console.ReadLine();

//完成运算
#region 方法一

//加
if (op == "+")
result = num1 + num2;

//减
```

```
if (op == "-")
result = num1 - num2;

//乘
if (op == "*")
result = num1 * num2;

//除
if (op == "/")
result = num1 / num2;

#endregion

#region 方法二

if (op == "+")      //加
result = num1 + num2;
else if (op == "-")       //减
result = num1 - num2;
else if (op == "*")        //乘
result = num1 * num2;
else if (op == "/")        //除
result = num1 / num2;
else
Console.WriteLine("您的输入有误！");

#endregion

#region 方法三

switch (op)
{
     case "+":      //加
         result = num1 + num2;
         break;
     case "-":      //减
         result = num1 - num2;
         break;
     case "*":      //乘
         result = num1 * num2;
         break;
     case "/":      //除
         result = num1 / num2;
         break;
     default:
         Console.WriteLine("您的输入有误！");
         break;
}

#endregion
```

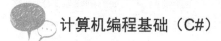

```
        Console.WriteLine();
        Console.WriteLine("您输入的第一个数字是：{0}\n您输入的第二个数字是：{1}\n您要做
的运算是：{2}\n运算结果是：{3}", num1, num2, op, result);

        Console.ReadLine();
    }
```

在上面的代码中，首先声明了几个变量，分别用来存放用户输入的数字和操作符，然后通过三个 ReadLine()方法接收用户的输入，又分别采用了三种方式来实现计算器，最后将运算结果反馈给用户。

本章主要介绍了 C#的基本语法，包括简单编写 C#控制台应用程序所需要掌握的知识，其中有许多是在 C 语言中已经学习过的。本章的内容比较简单，但熟练地掌握这些内容会对以后的学习很有帮助。

# 上机操作 1

总目标：

① 熟悉 VS 2010 开发环境，制作控制台应用程序。

② 掌握转义序列的使用方法。

③ 掌握输入/输出和变量的应用。

④ 掌握分支判断结构的应用。

**上机阶段一（10 分钟内完成）**

上机目的：熟悉 VS 2010 开发环境，制作控制台应用程序。

上机要求：使用 VS 2010 创建一个控制台应用程序，项目名称为 CH01Lab。

实现步骤：创建控制台应用程序，如图 1-15 所示。

图 1-15　创建 CH01Lab

**上机阶段二（20 分钟内完成）**

上机目的：掌握转义序列的使用。

上机要求：转义序列在 C#控制台应用程序输出控制中非常有用，但并不是所有的初学者都能够知道转义序列的作用，现在要求制作一个简单的控制台应用程序，能够输出常用的\n、\r、\t 三个转义序列的作用，如图 1-16 所示。

图 1-16　转义序列的作用

**实现步骤**

**步骤 1：**将项目 CH01Lab 中的 Program.cs 文件重命名为 LabExample01.cs。
**步骤 2：**在 Main()方法中按图 1-16 所示的要求输出内容。

**上机阶段三（35 分钟内完成）**

上机目的：掌握分支判断结构的应用。

上机要求：我国考试分数采用的是百分制，而欧美很多国家采用的是 5 分制，为了更好地进行对比，需要制作一个简单的转换程序，用户输入自己的百分制分数，再通过程序将其转换成为 A、B、C、D、E 的 5 分制，转换的标准如下。

① 90 分及以上为 A。
② 80～89 分为 B。
③ 70～79 分为 C。
④ 60～69 分为 D。
⑤ 60 分以下为 E。

其运行效果如图 1-17 所示。

图 1-17　分数转换运行效果

**实现步骤**

**步骤 1：**在项目 CH01Lab 中新建一个类文件 LabExample03.cs。

**步骤 2**：通过 if...else 结构实现分数转换。

**步骤 3**：运行并测试效果。

# 课后实践 1

## 1. 选择题

（1）有 C#代码如下。

```
using System;

public class Exec
{
    public static void Main()
    {
        _____;
    }
}
```

在横线处填入（　　）可输出 C# is simple（选 2 项）。

    A．Console.PrintLine("C# is simple")

    B．Console.WriteLine("C# is simple")

    C．System.Console.WriteLine("C# is simple")

    D．Console.Output.WriteLine("C# is simple")

（2）在 C#中声明一个带参数的 Main()方法，代码为（　　）（选 1 项）。

    A．static void Main()

    B．static void Main(string[])

    C．static void Main(string[] args)

    D．static void Main(string * args)

（3）属于 C#语言关键字的是（　　）（选 1 项）。

    A．namespace

    B．camel

    C．Salary

    D．Employ

（4）下面代码的输出结果是（　　）（选 1 项）。

```
int year = 2046;

if (year % 2 == 0)
    Console.WriteLine("进入了if");
else if (year % 3 == 0)
    Console.WtiteLine("进入了else if");
else
    Console.WriteLine("进入了else");
```

A. 进入了 if

B. 进入了 if

　　进入了 else

C. 进入了 else

D. 进入了 if

　　进入了 else if

　　进入了 else

（5）图 1-18 属于（　　）窗口的一部分（选 1 项）。

图 1-18　题（5）图

A. 解决方案资源管理器　　　　　B. 工具箱

C. 服务资源管理器　　　　　　　D. 类视图

## 2. 代码题

写出 C#控制台应用程序的输入和输出语句。

# 第 2 章

# 基本语法（二）

## 2.1　概述

我们已经学习了 C#的一些基本知识，并且通过几个控制台应用程序，掌握了相关的运用知识，但是很难完成复杂的应用程序。在本章中，我们将继续学习 C#的基本语法，通过对数组和循环的学习制作出更加复杂的应用程序。

**本章主要内容：**

① 掌握 C#中数组的定义和使用；
② 掌握 C#中循环的定义和使用；
③ 掌握二维数组的定义和使用；
④ 掌握嵌套循环及其流程控制。

## 2.2　音像店管理

如果有一个音像店，面对成千上万部电影如何快速找到用户所需要的那一部呢？这时就需要有一个完善的管理体系、良好的管理制度及高效的管理工具。本节要讨论的就是这个高效的管理工具。

### 2.2.1　问题

借助程序来制作这个管理工具，其运行界面如图 2-1 所示。
很显然，这是一个相对比较复杂的程序，需要完成以下功能。

① 在程序中保存拥有的电影信息，至少是电影的名称。

② 根据用户的输入查找电影相应的编号。

③ 如果用户输入的电影没有找到，则继续输入查找。还有其他需求，但是需要循序渐进，通过逐步学习，渐渐完成整个系统的功能需求。

图 2-1　音像店管理程序运行界面

## 2.2.2　需求分析

### 1．数组

要完成音像店管理程序，第一个要面对的问题是如何保存成千上万部电影的信息（至少是电影的名称）。稍加分析后发现，这些电影的名称需要用字符串类型的变量来保存，而且这些变量的数量不少，显然不可能在程序中定义几百个字符串类型的变量，所以需要使用数组来完成这个任务。

数组就是一组具有相同类型变量的集合，数组成员具有相同的名称，通过下标进行区分。C#中定义变量的语法如下。

```
数据类型[] 数组名称;
```

为什么 C#中的数组没有指定长度？因为 C#中的数组需要初始化，其长度是初始化时指定的，初始化的方式是使用 new 关键字。

```
int[] arr1 = new int[5];
int[] arr2 = new int[5]{1,2,3,4,5};
int[] arr3 = new int[]{1,2,3,4,5};
int[] arr4 = {1,2,3,4,5};
```

以上代码都是 C#中数组的初始化方式，除了第一种方式，其他方式都在定义数组的同时为数组成员赋值。比较 C 语言中的数组会发现明显的不同。当然，也存在相同的地方，如通过下标操作，C#数组成员都有一个从 0 开始的下标，所以使用起来很方便。

```
int i = arr1[0];
arr2[1] = 100;
```

在使用数组时也要特别小心，因为经常会出现以下错误。

```
int arr1[] = new int[5];
int[] arr1 = new int[3]{1,2};
int[] arr2 = new string[5];
```

第一行代码中数组名称放在了类型和方括号中间；第二行代码中数组的长度和赋值的数量不相等，这一点要特别注意，当需要在定义数组的同时为数组成员赋值时，数组的长度和赋值的数量必须相等；第三行代码中数据类型不一致。这些都是在使用数组的过程中经常会碰到的

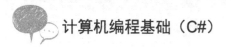

问题。

现在解决电影名称保存的问题，只需要一个字符串类型的数组即可。

```
string[] films = new string[5];
films[0] = "超级战舰";
films[1] = "变形金刚3";
films[2] = "阿甘正传";
films[3] = "肖申克的救赎";
films[4] = "失恋33天";
```

在上面的代码中首先声明了一个长度为 5 的字符串类型的数组，然后通过 5 条赋值语句分别为数组的 5 个成员赋值，这样就在程序中保存了 5 部电影的名称。如果需要保存更多的电影名称，则可以增加数组的长度。

## 2．循环

完成此管理系统要解决的第二个问题是如何在数组中查找相应电影的编号。思路是将数组中每个成员的值和用户所要查找的值依次进行对比，相同的就是用户要寻找的那部电影。这里有一个对比的过程，因此要用到分支判断。这样，依次进行对比就要用到循环结构。

C 语言中有三种循环结构：do…while 结构、while 结构和 for 结构。在 C#语言中有四种循环结构，表 2-1 中列出了 C 语言和 C#语言循环结构的对比。

表 2-1　C 语言和 C#语言循环结构的对比

| 循 环 结 构 | C 语言 | C#语言 |
| --- | --- | --- |
| do…while | do{…}while(条件)//语法和操作相同 | |
| while | while(条件){…}//语法和结构相同 | |
| for | for(初始值;条件;增/减){…}//语法和结构相同 | |
| foreach | 无 | 新特性 |

通过对比发现，C#语言基本上继承了 C 语言的循环结构，只是增加了 foreach 循环结构，下面重点介绍 foreach 循环结构。

在表 2-1 的前三种循环结构中，可以发现它们是有一些共同点的，如它们都有一个显示的条件判断以决定是否开始或继续循环；它们都需要一个循环控制变量来控制循环条件成立与否。而在 foreach 循环结构中这些都不存在。事实上，foreach 循环结构是一个完整的遍历过程，它主要用于遍历集合或数组，其语法结构如下。

```
foreach(元素类型 变量名 in 集合或数组)
{
    语句
}
```

foreach 循环结构的工作过程如下：将数据或集合中的元素依次提取出来，放入"变量名"中，在循环体语句中可以通过对这个变量的操作来间接地操作数组或集合成员。因此，要求"变量名"的数据类型（元素类型）需要和集合或数组的类型相同，或者能够进行自动转换。

可以通过下面的例子来学习 foreach 循环结构。

```
static void Main()
{
    string str = null;

    Console.Write("请输入一个字符串：");
    str = Console.ReadLine();

    Console.WriteLine("转换结果：");

    foreach (char c in str)
    {
        Console.WriteLine(c);
    }

    Console.ReadLine();
}
```

以上代码的作用是将用户输入的字符串转换成竖向输出。在这个例子中，首先声明了一个字符串类型的变量用于接收用户的输入，然后通过 foreach 循环结构进行输出。由于可以将字符串作为一个字符数组，因此在这个循环结构中“数据或集合”自然就是用户声明的那个字符串变量，而元素类型自然就是字符类型了。

下面使用 foreach 循环结构实现电影查找功能。

```
foreach (string s in films)
{
    if (s == name)
        Console.WriteLine("找到了！");
}

Console.WriteLine("没找到！");
```

在上面的代码中，films 是用户定义的存储电影名称的数组，name 是用来存储用户输入电影名称的变量，这里进行了简化处理，只是通知用户有没有找到要查找的信息。另外，需要将说明没找到信息的语句放在循环体的外面，而不是写在条件语句中，这是为什么呢？因为只有在所有电影都比较完成后，才能确定是否找到了相关信息。

### 3. break 和 continue

在正常情况下，循环会按照事先的设定完成整个过程，但有时并不需要完成所有循环即可实现功能。例如，在上面的程序中，即使用户第一时间找到了自己要查找的电影，程序也会忠实地做完后面的循环，尽管这些工作已经没有必要做了。这样会使程序效率变低，而一个好的程序员不但要把程序编写出来，还要使程序尽可能高效，因此有必要对前面的代码进行优化。

优化的方式就是采用 break 和 continue。break 的作用是强制结束循环，并执行循环体后的语句。continue 的作用是强制结束本次循环，开始下一次循环。它们的用法和 C 语言中的用法相同。

```
for(…)                              for(…)
{                                   {
    …                                   …
    break;                              continue;
}                                   }
…                                   …
```

这样可以将程序进行适当的优化。

```
foreach (string s in films)
{
    if (s == name)
    {
        Console.WriteLine("找到了！");
        break;
    }
}
```

上面的代码中增加了一行 break 语句，这样当用户输入的电影名称被找到时，程序就会跳出循环结构。虽然这只是一个小小的改进，但程序只需要执行一个循环即可。大家可以尝试采用另外两种循环结构来完成电影查找的功能。

### 2.2.3 实现音像店管理

下面是完整的音像店管理程序。

```
static void Main(string[] args)
{
    string[] films = new string[5];
    films[0] = "超级战舰";
    films[1] = "变形金刚3";
    films[2] = "阿甘正传";
    films[3] = "肖申克的救赎";
    films[4] = "失恋33天";

    while (true)
    {

        Console.Write("请输入您要查找的电影名称：");
        string name = Console.ReadLine();

        for (int i = 0; i < films.Length; i++)
        {
            if (films[i] == name)
            {
                Console.WriteLine("电影{0}的编号是：{1}", name, (i + 1));
                Console.ReadLine();
                return;
            }
        }
```

```
            Console.WriteLine("电影{0}没有找到！请重新输入！", name);
            Console.WriteLine();
        }
    }
```

将上面的代码与分析阶段所写的代码进行对比，会发现有几个明显的不同之处。首先，多了一个 while 循环，而且是一个死循环，这是为了实现用户反复输入的功能。但这样做是有问题的，可能会出现无法退出的情况。其次，将原来 for 循环中的 break 换成了 return，这样做的原因是 break 只能退出 for 循环，而在这个循环之外还有一个 while 循环，所以用 break 无法达到想要的效果，而 return 的作用就是退出当前过程，用在 Main 函数中即可起到结束程序的作用。

当然，上面的程序只有一些简单功能，实际上还有很多工作要做，如找到电影后怎么办？找到这部电影但是已经租出去了怎么办？类似这样的功能需求在以后的学习中将逐步实现。

# 2.3 竞赛分数统计

竞赛是我们经常会参与的活动，一般需要评出名次，这就需要根据竞赛过程中参与方的分数来确定。参与方通过各种竞赛活动来获得相应的分数，并且将所有分数放在一起，根据规则来进行评比，从而排出名次。

事实上，绝大部分的计算机软件其实质也是这样的，即收集并存储数据，然后根据用户制定的各种规则、逻辑、过程等处理数据，最终将结果按照用户的要求呈现出来，以帮助用户进行决策。而软件之间的差异主要表现在数据的采集方式、加工过程和呈现手段上的不同，其中数据的加工过程是最为重要的环节之一。

### 2.3.1 问题

南方学院每年都会在不同的年级和班级之间组织各种各样的比赛，以提高学生的能力。在比赛结束后需要进行分数统计，使用手工统计不但速度慢，而且容易出现错误，因此南方学院计划通过计算机来完成这个工作，现在需要制作一个简单的验证程序，以证明计算机评分是可行的，计算机评分的运行结果如图 2-2 所示。

图 2-2　计算机评分的运行结果

因为这只是一个验证程序，需要处理的数据不多，所以功能需求也比较简单。

① 参加比赛的有 3 个班，每个班有 4 名学生。

② 需要按照不同的班级接收这些学生的分数信息。

③ 统计每个班的总分和平均分并输出。

## 2.3.2　需求分析

### 1．二维数组

在这个测试程序中，虽然需要处理的数据量并不大，但是比以前编写过的程序更复杂，实际上需要保存的数据有两组，即班级和学生。一维数组是无法满足这个需求的，所以需要引入新的数组——二维数组。

二维数组就是使用两个索引标识特定元素的数组。二维数组也是数组，因此依然是通过下标来访问的，它和普通数组的区别在于，普通数组只有一个下标，而二维数组有两个下标，这两个下标被称为行下标和列下标，二维数组图形关系如图 2-3 所示。

| [0,0] | [0,1] | [0,2] | [0,3] |
| [1,0] | [1,1] | [1,2] | [1,3] |
| [2,0] | [2,1] | [2,2] | [2,3] |

图 2-3　二维数组图形关系

二维数组在定义时需要在方括号中加上一个逗号，而在初始化时需要指定每一维的大小，例如：

```
int[,] arr = new int[3, 4];
```

定义好后，即可使用两个整数作为索引来访问数组中的元素。

```
arr[0,0] = 1;
arr[0,2] = 2;
arr[1,1] = 3;
arr[2,2] = 4;
```

如果事先知道元素的值，则可以使用数组索引来初始化二维数组。

```
int[ , ] arr = {
                  {1,2,3},
                  {4,5,6},
                  {7,8,9}
};
```

可以看到，用这种方式声明二维数组时，需要用一组嵌套在一起的花括号，外层用来定义一维的长度，内层用于定义二维的长度和初始值。

这样可以通过一个二维数组来解决班级和学生信息的保存问题。

```
//声明二维数组
int[,] arr = new int[3, 4];

//录入数据
for (int i = 0; i < 3; i++)
```

```
    {
        Console.WriteLine("请输入{0}班的成绩：", (i + 1));

        for (int j = 0; j < 4; j++)
        {
            Console.WriteLine("学员{0}的分数：", (j + 1));
            arr[i,j] = int.Parse(Console.ReadLine());
        }

        Console.WriteLine();
    }
```

在上面的代码中首先声明了一个 3 行 4 列的二维数组，然后通过循环的方式使用户输入数据，因为是二维数组，所以需要用一个复杂的嵌套循环来完成。

### 2. 嵌套循环

上面的代码中还用到了另一个复杂的结构——嵌套循环。嵌套循环就是将两个以上的循环结构嵌套在一起使用，一般来说，在多维数组的操作过程中，嵌套循环是一个很有用的手段。例如，在前面的例子中，使用了二重嵌套循环，因此会有两个循环变量 i 和 j，这两个变量就是操作二维数组的行下标和列下标。以此类推，如果是三维数组，则需要一个三重嵌套结构。

嵌套循环是很有用的结构，但循环变量要区分开，否则循环结构很难按照用户的想法来运行。在嵌套循环中，外层循环每运行一次，内层循环都要重新开始，就像钟表一样，时针从 1 变为 2，分针就要从 0 开始重新计算。另外，在大部分情况下，具体的操作都是在嵌套循环结构的内层循环中完成的，因为外层循环只能控制一个下标，而内层循环能够控制多个下标。需要注意的是，嵌套循环是一个比较复杂的结构，除非必要，否则尽量不要选择使用，对于新手程序员来说，最好在使用之前绘制好流程图，这样会少走弯路。

### 3. 嵌套循环中的 break 和 continue

在循环结构中，break 的作用是跳出循环，而 continue 的作用是结束本次循环，进入下一次循环。在嵌套循环中它们又会起到什么作用呢？

事实上，在嵌套循环中，它们的作用依然没有发生变化，但是，其所在的位置不同，所产生的效果也会发生很大的变化，例如。

```
for()                           for()
{                               {
    for()                           for()
    {                               {
        break;                      }
    }                           break;
}                               }
```

在上面的第一段代码中，break 语句的作用是退出内层循环，但是会继续执行外层循环；而在第二段代码中，break 语句的位置已经移到了外层循环中，因此它将会退出整个嵌套循环结构。同理，continue 语句的位置不同，其作用也会有不同的效果。

一个复杂的循环嵌套结构再加上 break 语句和 continue 语句，整个程序会变得异常混乱，这时一个条理清晰的流程图会给用户带来很大帮助。事实上，混乱的思路所带来的麻烦要远远大于复杂的代码，因此，对于新手程序员来说，绘制流程图可以帮助理清思路，从而避免不必要的错误。

### 2.3.3　实现竞赛分数统计

在综合运用二维数组和嵌套循环后，即可完成竞赛分数统计。

```csharp
static void Main()
{
    //声明二维数组
    int[,] arr = new int[3, 4];

    //录入数据
    for (int i = 0; i < 3; i++)
    {
        Console.WriteLine("请输入{0}班的成绩：", (i + 1));

        for (int j = 0; j < 4; j++)
        {
            Console.Write("学员{0}的分数：", (j + 1));
            arr[i,j] = int.Parse(Console.ReadLine());
        }

        Console.WriteLine();
    }

    //显示结果
    for (int i = 0; i < arr.GetLength(0); i++)
    {
        int sum = 0;

        for (int j = 0; j < arr.GetLength(1); j++)
        {
            sum += arr[i, j];
        }

        Console.WriteLine("第{0}班的总分是：{1}；平均分是：{2}", (i + 1), sum, sum/ 4);
    }

    Console.ReadLine();
}
```

在上面的代码中，首先声明了一个 3 行 4 列的二维数组，然后通过一个二重嵌套循环结构为数组中的成员赋值，可以看到赋值操作放在了内层循环中，而外层循环只起到一个提示作用。这里用到了数组的 GetLength()方法，该方法的作用是取得数组的长度，括号中的参数是数组的维度。GetLength(0)即表示取得二维数组中第一维的长度，GetLength(1)即表示取得其第二维的长度。

本章主要学习了数组和循环结构。数组作为集合管理的基本结构，在程序中有着特殊的地位，而其扩展多维数组更是处理复杂结构时的重要工具。循环结构重点介绍了 foreach 结构，因为其他循环结构和 C 语言中的一样。条件分支判断和循环是应用程序中的基本流程控制，掌握及熟练地运用它们是后续制作更复杂程序的基础。

# 上机操作 2

**总目标：**
① 掌握数组的使用。
② 掌握循环的使用。
③ 掌握嵌套循环的使用。

**上机阶段一（25 分钟内完成）**

上机目的：掌握数组的使用。
上机要求：以前逢年过节亲人朋友之间就会通过固定电话互致问候，固定电话都是有区号的，不同的地方其区号也不同，如珠海的区号是 0756。现在需要制作一个简单的小程序，帮助用户查找区号所在的城市或城市所用的区号。例如，在程序中输入"0756"，就能够查出是珠海的区号；如果输入"珠海"，则程序会显示其区号是 0756。区号验证运行结果如图 2-4 所示。

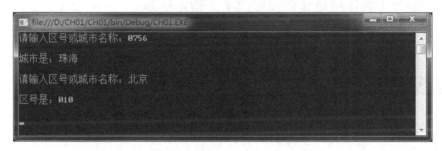

图 2-4　区号验证运行结果

**实现步骤：**

**步骤 1：**新建一个程序文件 LabExample01.cs。
**步骤 2：**定义一个字符串类型的二维数组。
**步骤 3：**输入测试使用的城市名称和区号。
**步骤 4：**在 Main 函数中按照图 2-4 所示的要求完成程序。

**上机阶段二（25 分钟内完成）**

上机目的：掌握循环结构的使用方法。

上机要求：在日常生活中，投资是一种理财手段，投资是否划算是要同银行相应时间的定期存款做对比的，如一万元如果存在银行 5 年后本息为 12000 元，那么投资收益要大于 12000 元才划算。现在需要制作一个小程序，能够根据本金、利率和存款年限计算每年的金额，复利计算运行结果如图 2-5 所示。

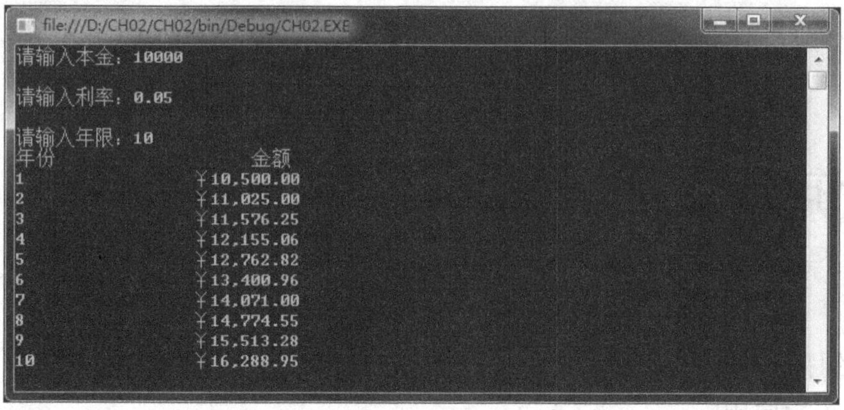

图 2-5　复利计算运行结果

**实现步骤**

**步骤 1**：新建一个程序文件 LabExample02.cs。

**步骤 2**：查询帮助，了解 Math.Pow()方法的使用。

**步骤 3**：在 Main 函数中按照图 2-5 所示的要求完成程序。

**需要特别注意：**

① Math.Pow()方法的作用是计算指定数字的指定次幂。

② 输出时要合理使用转义序列。

# 课后实践 2

1．选择题

（1）在 C#中定义一个数组，正确的代码为（　　）（选 1 项）。

    A．int arr[] = new int[5];　　　　B．int[] arr = new int[5];

    C．int arr = new int;　　　　　　D．int[5] arr = new int;

（2）在 C#中，下列代码的运行结果是（　　）（选 1 项）。

```
int[] age1 = new int[] { 10 , 20 };
int[] age2 = age1;
Age2[1] = 30;
Console.WriteLine(age1[1]);
```

    A．0　　　　　　B．10　　　　　　C．20　　　　　　D．30

（3）有如下字符串数组：string[] movies = new string[] {"周一","周二","周三","周四","周五"}。下列描述错误的是（　　　）（选 1 项）。

A．数组下标从 0 开始

B．其中 movies[3] = "周四"

C．movies.Length = 5

D．movies.Rank = 2

（4）当 n 大于或等于 1 时，下面循环语句中输出语句执行的次数为（　　　）（选 1 项）。

```
for (int i = 0; i < n; i++)
{
    if (i > n / 2)
        break;

    Console.WriteLine("循环...");
}
```

A．n/2　　　　B．n/2+1　　　　C．n/2-1　　　　D．n-1

## 2. 代码题

创建如图 2-6 所示的二维数组并按要求输入值。

| 类型 | 米玛塔尔舰船 | 盖伦特舰船 | 艾玛舰船 | 加达里舰船 |
|---|---|---|---|---|
| 突击舰 | 美洲虎级 \| 猎狼级 | 恩尤级 \| 伊什库尔级 | 审判者级 \| 复仇级 | 女妖级 \| 战鹰级 |
| 隐形特勤舰 | 猎豹级 \| 猎犬级 | 太阳神级 \| 纳美西斯级 | 咒逐级 \| 净化级 | 秃鹰级 \| 蝎尾怪级 |
| 电子攻击舰 | 土狼级 | 克勒斯级 | 哨兵级 | 斯芬尼克斯级 |
| 驱逐舰 | 长尾鲛级 | 促进级 | 强制者级 | 海燕级 |
| 拦截舰 | 剑齿虎级 | 厄里斯级 | 异端级 | 飞燕级 |

图 2-6 二维数组

# 第 3 章

# 类、对象、方法和属性

## 3.1 概述

在前面两章中，通过几个简单的例子学习了 C#的基本语法和 C#程序的基本运行方式，但可以发现，在前面的案例中，编写的程序都过于简单，而且似乎和 C 语言没有什么差别，这主要是因为没有用到 C#语言的一些特性，从本章开始将通过一些更加复杂的案例来学习 C#的特性。

**本章主要内容：**

① 理解 C#中的类和对象；
② 熟练掌握类的定义与使用；
③ 理解属性；
④ 熟练掌握属性的定义与使用。

## 3.2 类与对象

面向对象编程（Object Oriented Programming，OOP）是应用广泛的一种计算机编程架构，OOP 的基本原则是指计算机程序由一些独立的能够起到子程序作用的单元或对象组合而成。因此，对象在整个 OOP 架构中的地位是很独特的，下面就从对象入手来学习 OOP。

### 3.2.1 对象

在整个 OOP 架构中，对象是一个基本但又很难描述清晰的概念，它可以是一个真实存在的实体，如一辆红色的兰博基尼跑车或一只可爱的小狗等，也可以是一个很抽象的存在，如数据库操作对象等，那么对于初学者来说应该怎么理解呢？

事实上，对于初学者来说，完全可以抛开那些理论上的概念，简单理解为对象就是用来说明某个物体的，如一辆车、一本书或一个人等。既然要说明某个物体，则需要解释几个问题：它是什么？它能做什么？它如何与其他对象互动？

在程序中，一个对象是由三个最基本的要素组成的：属性、方法和事件。

属性：用来告诉用户这个对象是什么，即描述和反馈对象的特征。例如，一辆红色的兰博基尼跑车，其中颜色、品牌、类型等都是属性，而红色、兰博基尼、跑车则是这些属性的值，看到这些属性值就可以想象出这样一辆车。属性一般使用短小的、意义明确的名词来标注，这样能够使用户很容易明白其含义。

方法：用来告诉用户对象能做什么，即对象的行为。例如，一部可以打电话、发消息、拍照的 iPhone 手机，这里打电话、发消息、拍照都是手机具有的方法，看到这些方法就能够知道这部手机可以用来完成哪些工作。方法一般采用意义明确的动词来标注。

事件：用来告诉用户这个对象能发生什么事情，以及其他对象对这些事情的响应，即对象之间的互动。任何一个对象都只会对一些特定的动作产生反应，如对一个人报以善意的微笑，这时就触发了"微笑"事件。

### 3.2.2　类

一个对象可能有很多属性，如一辆车有颜色、品牌、长、宽、高等十几个属性，具体到程序中就需要用十几个变量来保存这些信息，如果程序中有很多个汽车对象，应该怎么办呢？难道要定义成百上千的变量吗？显然，这种做法工作量太大。

换一个角度来考虑这个问题，如果将所有汽车信息都放置在一张 Excel 表格中，则会得到如图 3-1 所示的表格。

|   | A | B | C | D | E | F |
|---|---|---|---|---|---|---|
| 1 | 品牌 | 价格 | 尺寸 | 类型 | 国产/进口 | 生产厂商 |
| 2 | RAV4 | 19.78万 | 4630*1815*1685 | 4挡自动 | 国产 | 一汽丰田 |
| 3 | 福克斯 | 9.98万 | 4342*1840*1500 | 5挡手动 | 国产 | 长安福特 |
| 4 | 骊威 | 9.58万 | 4178*1690*1565 | 4挡自动 | 国产 | 东风日产 |
| 5 | 骏捷 | 8.88万 | 4648*1800*1450 | 5挡手动 | 国产 | 华晨中华 |
| 6 | 奔驰ML350 | 89.80万 | 4804*1926*1796 | 7挡手自一体 | 进口 | 奔驰 |

图 3-1　汽车信息

此时会发现所有汽车都可以用品牌、价格、尺寸等几个名词来进行说明，这些就是汽车的属性，那么能否用一个统一的结构来定义所有汽车对象呢？在 C#中，类就可以完成此项工作。

在 OOP 中类被作为对象的模板使用，也就是说，类是创建对象的模板，就像盖房子使用的设计图纸一样，每栋房子都包含很多设计上的要求，同样，每个对象也包含很多数据，并且提供了处理和访问这些数据的方法。房屋设计图纸表明了施工过程中的各种标准和要求，而类定义了类的每个对象（也称实例）可以包含什么数据和功能。例如，可以定义一个汽车的类，那么每辆具体的汽车都可以看成是这个类的一个实例。还可以在类中定义属性，这样实例既可通过为这些属性赋值来保存具体的值，又可在类中定义汽车所具有的各种方法，实例就可以通过调用这些方法来完成具体的操作了。

很多初学者对如何分析、设计类很困惑，事实上，刚才分析的过程就是一个很不错的方法，先找到一个具体的例子，然后延伸出几个相同或相似的例子，将这些例子中相同的内容进行总结和抽象即可得到类，最后通过将类具体到其他实例的方式进行验证，一个完整的类就设计完成了。反复演练和掌握这个过程对学习和理解 OOP 很有帮助。

### 3.2.3　定义与使用

简单了解类与对象的概念后，下面来学习如何在 C#中定义和使用它们。C#中类的语法如下。

```
[访问修饰符] class 类名
{
        类成员
}
```

其中，访问修饰符可以不写，但是为了方便可使用 public；类名采用名称或名称短语，如 Car、FileStream 等；命名采用 Pascal 命名法，即首字母大写，其后每个单词的首字母都应大写。

```
public class Car
{
    …
}
```

类其实只是一个模板，在使用时，需要将类实例化才能得到想要的对象，就好像房屋的设计图纸不能住人，要根据图纸盖出房子才能居住一样。将类实例化成一个对象的过程可以借助于 new 关键字来完成。

```
类 对象名称 = new 类();
```

例如，一个汽车的实例如下。

```
Car myCar = new Car();
```

这样就得到了一个名称为 myCar 的对象，这个对象就是类 Car 的实例。对象的命名规则和变量一样，一个大的原则是尽可能通俗易懂。从前面的分析实现过程会发现将对象进行抽象就可得到类，将类具体化就能得到一个对象。

继续扩展 Car 类，首先要让它具有信息存储的功能，这个任务可以交给类成员中的字段来完成。类的字段成员简单来说就是类中定义的变量，其语法结构如下。

```
[访问修饰符] class 类名
{
        [访问修饰符] 数据类型 字段名称;
}
```

其中，访问修饰符是可选的，如果不写则字段默认为私有，即类的外部成员无法访问该字段。如果希望外部成员访问该字段，则可以将其设置为 public，即

```
public class Car
{
        int price;
```

```
        public string Name;
    }
```

在上面的代码中为 Car 类添加了两个字段：一个是 price，没有指定访问修饰符，因此它是私有的；另一个是 Name，将其指定为 public。这里需要注意的是，类的公有成员遵循 Pascal 命名规范，而私有成员则采用驼峰命名规范，即从第二个单词开始首字母才需要大写。

字段的使用是通过对象来完成的，其语法如下。

```
对象.字段 = 值;      //赋值

变量 = 对象.字段;        //取值
```

不同的访问级别从不同的位置对字段进行访问，其结果也会有所差异，例如，前面定义的两个字段，如果在 Car 类的外部使用，则会表现出差异，如图 3-2 所示。

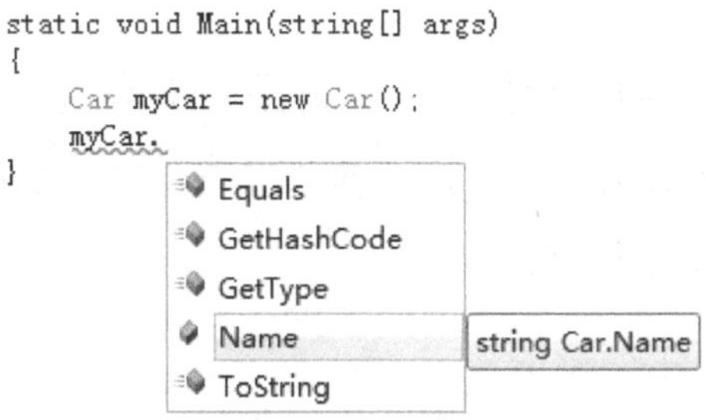


图 3-2　私有字段与公有字段的差异

此时会看到 myCar 对象只能够访问 Name 字段，而无法访问 price 字段，因为 Name 是公有的，而 price 是私有的，因此 Name 字段可以在任何位置被访问，而 price 字段则不可以。如果是在 Car 类的内部，那么这两个字段就都能被访问到，如图 3-3 所示。

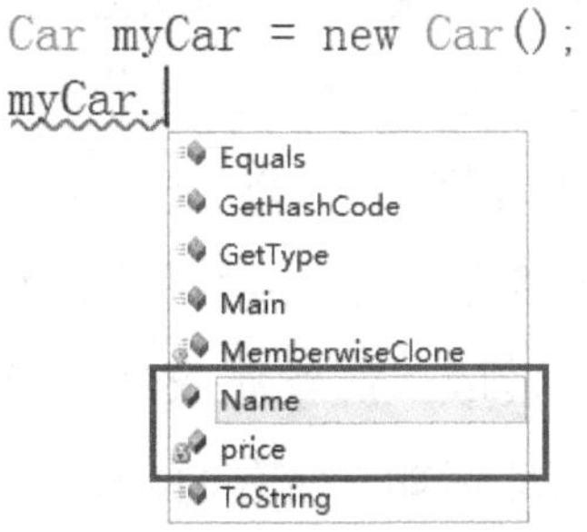


图 3-3　访问字段

公有字段虽然访问方便，但如果直接用公有的字段就会使程序很不安全。

```
public class Student
{
        public int Age;
}

public class Test
{
        static void Main()
        {
            Student tom = new Student();
```

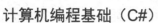

```
            tom.Age = 1000;
        }
    }
```

在上面的代码中，先声明了一个 Student 类，并在类中定义了一个公有字段 Age，然后在 Main()方法中实例化了 Student 类，并为 Age 字段赋值。整个过程在语法上没有任何问题，可以编译运行，但是很显然这段代码是错误的，因为人的年龄不可能到 1000 岁，至少现在没有。这就是公有字段的问题，即虽然能够被访问，但没有验证。要解决这个问题，可以使用两种手段，即方法和属性。

# 3.3　方法

方法是 OOP 中对象的一个组成要素，它告诉用户对象能够做什么，通过调用某个对象的方法，可以使该对象完成相关的功能。例如，按洗衣机的开始按钮，洗衣机就会开始洗衣服；按电视机的开关，可以打开或关闭电视。

## 3.3.1　方法的意义

对于对象的使用者来说，方法意味着简化操作。例如，一台功能强大的洗衣机，用户所要了解的是上面的按钮用来做什么；一部新的智能手机，用户只需要知道如何打电话、发消息、安装软件等基本操作。在使用者看来，好的设备就是操作简单、使用方便。

对于开发人员来说，方法则意味着封装和隐藏细节。封装是 OOP 的一个重要概念，其主要思想如下：把程序按某种规则分成很多"块"，块与块之间可能有联系，每个块都有一个可变部分和一个稳定部分。需要把可变的部分和稳定的部分分离出来，将稳定的部分暴露给其他块，而将可变的部分隐藏起来，以便于随时修改。好的方法设计是指良好的封装性，如一台好的洗衣机，设计工程师会将高转速、强水流等专业参数设置封装起来，将其命名为"洗牛仔衣裤"，将低转速、弱水流的专业参数设置封装成"洗丝质衣物"，这样对于使用者来说，专业的参数设置被隐藏起来了，呈现在其面前的就是诸如"洗牛仔衣裤"、"洗丝质衣物"等简单易懂的按钮。

在解决实际问题时，需要开发的程序都是非常复杂的，代码量也非常大，这时一个比较好的方法是，先将一个复杂的操作拆解成若干个更容易管理的小组件，用一些小段的程序来实现，然后将这些小的组件组合成一个完整的操作，这种方法称为分治方法（Divide and Conquer）。熟练地掌握和运用分治方法将会使开发变得更加简单和容易。

通过方法将程序拆解的一个目的是"分治"，使程序开发更容易管理，可以从简单的、小型的块开始构造程序。例如，生产汽车时，可以将汽车分成发动机系统、传动系统、车身系统等小的模块来生产，最后再组装起来。另一个目的是软件复用，通过方法来拆解程序，可以在新的程序中使用现有的方法作为建筑块，建立新程序。例如，要生产一种新的汽车时，就可以使用原来已经设计生产的发动机。

## 3.3.2 定义与调用

在 C#中，定义方法的语法结构如下。

```
[访问修饰符] 返回类型 方法名称([参数列表])
{
        方法体
}
```

方法的访问修饰符可以有很多，一般来说，public 和 private 两种使用最多，也可以根据情况来设定。返回类型可以是系统的类型，也可以是用户自定义的，如果没有返回，则为 void。方法名称如果是公有方法，则采用 Pascal 命名法，否则采用驼峰命名法。参数列表则灵活得多，可以没有也可以有很多，可以是输入的也可以是输出的。

例如，定义一个用来打招呼的方法。

```
public void SayHello()
{
        Console.WriteLine("Hello There");
}
```

该方法被定义为 public，这样大家都可以访问这个方法，返回是 void，表明这个方法没有返回。因为是公有的，所以方法名称采用 Pascal 命名法，该方法没有参数，方法体也只有一行代码。这是一个简单的方法，其功能也很单一。

方法采用对象.方法()的方式来调用。

```
Example01 objA = new Example01();
objA.SayHello();
```

这里注意方法的调用多了一对圆括号。另外，在第一行代码中创建了一个 Example01 类的实例对象 objA，因为前面讲过实例方法需要实例对象才能调用。

尽管大多数方法都是通过特定的对象来调用的，但是也存在这样一种方法，它们不是通过对象而是通过类来直接调用的，这种方法适用于声明该方法的整个类，被称为静态方法。

```
[访问修饰符] static 返回类型 方法名称([参数列表])
{
        方法体
}
```

静态方法的声明和实例方法没有太大的区别，其通过 static 关键字标识。静态方法在使用时不需要实例化类，而是通过类.方法名()的方式来访问，一般情况下将静态方法设为公有的以方便使用。

```
public static void SayHello()
{
        Console.WriteLine("Hello There");
}

static void Main()
{
        Example01.SayHello();
}
```

在使用静态方法时要注意，类的实例成员可以访问其他实例成员和静态成员，但是类的静

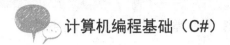

态成员只能访问其他静态成员。

### 3.3.3 传参

大多数情况下，方法都是为了完成某个特定任务而定义的，但这个"特定的任务"会有一些细节上的差别。例如，为了使前面的 SayHello()方法更有意义，可以将方法修改如下。

```
public void SayHello()
{
        Console.WriteLine("Hello Tom");
}
```

这样，调用该方法就可以和 Tom 打招呼，但是显然这个方法只能和 Tom 打招呼，如果要和小蔡打招呼怎么办呢？要么重新定义一个和小蔡打招呼的方法，要么将 Tom 换成小蔡，但是无论采用哪种方式，都没有改变问题的本质，因此这个方法的作用太单一，无法适应改变。

为了能够使方法的作用更多，则需要对这个方法进行改造。仔细分析方法和需求，会发现其实改变的只是方法中人物的姓名，如果能够将程序中的"Tom"换成一个变量，如 name，那么方法就和具体的人名无关了。

接下来的问题是必须让用户来决定这个变量的值。实现的方式就是将变量变成方法的参数。参数是方法与外界进行信息交流的一个通道，方法的使用者可以通过参数将数据传递到方法中进行处理，在 C#中方法参数的定义方式如下。

```
[访问修饰符] 返回类型 方法名称([参数类型 参数名称1,参数类型 参数名称2...])
{
        方法体
}
```

参数类型可以是系统类型，也可以是用户自定义类型，参数名称的命名方式与变量类似，事实上在方法中设定的参数可以在方法体内以变量的方式使用，一个方法可以带多个参数，但是在同一个方法的参数列表中不能出现两个类型和名称完全相同的参数。

在 SayHello()方法中，可以通过定义方法的参数使其灵活起来。

```
public void SayHello(string name)
{
        Console.WriteLine("Hello " + name);
}
```

经过这样的改造，用户再调用这个方法时，就可以通过为参数传递不同的用户姓名来决定这个方法和谁打招呼。

```
Example01 objA = new Example01();
objA.SayHello("Tom");
objA.SayHello("小蔡");
```

在上面的代码中，首先创建了 Example01 类的一个实例，然后调用了两次 SayHello()方法，每次调用时都输入不同的人名作为参数，这样两次调用即可得到不同的结果。

经过前面的分析演化过程可以发现，对于初学者来说，一开始就编写出一个很完美的方法是不现实的，最好的方式是循序渐进，先对要做的事情进行分析，确定哪些操作要放在方法中；然后根据分析的结果编写一个较为古板的方法，通过调用这个方法来确定分析是否正确，如果不正确则重新开始分析，如果正确，则找出方法中哪些内容影响了其灵活性，通过将这些内容变成参数的方式来使整个方法灵活起来。这个过程需要反复练习，当成为一个"熟手"时，就可省略其中几步，直接写出满意的方法。

### 3.3.4 返回

正常情况下，一个操作完成后应该有一个反馈，如按电视机的开关，电源指示灯就会从红色变成蓝色；用遥控器调节空调时，空调就会发出声响。在程序中，一个方法在执行完毕后也需要有反馈信息，以告诉用户执行的结果，这个反馈可以用方法的返回来实现。

在 C#中，方法的返回只需要指定类型，其值是在方法体中通过 return 语句给出的。

```
public int Add(int x,int y)
{
    return x + y;
}
```

这是一个非常简单的加法计算器，该方法需要两个整型的参数 x 和 y，返回的也是一个整数，即两个数字的和，通过 return 语句将两个结果返回给方法的调用者。作为方法的使用者，需要有一个和方法返回类型相同的变量来接收方法的返回值。

```
Example01 objA = new Example01();
int sum = objA.Add(12,34);
Console.WriteLine(sum);
```

这个方法的使用和前面的方法没有太大的区别，不同的地方是在调用方法时通过一个变量 sum 类保存方法返回的值。方法的返回类型可以是系统类型，也可以是用户自定义的类型，如果无返回，则指定为 void。

### 3.3.5 构造

一个类可以包含很多特殊的方法，其中最为常见的就是构造方法，又称为构造函数或构造器。构造方法的作用是在创建对象时初始化类的对象。如果一个类包含若干个字段，当创建和使用这个类的对象时，可以这样做。

```
public class Student
{
    public string Name;
    public int Age;
}

static void Main()
{
    Student tom = new Student();
    tom.Name = "Tom";
    tom.Age = 25;
}
```

上面的代码是一个标准的类定义和使用的过程，整个程序没有任何问题，但是能否简单一些呢？如果知道姓名和年龄，能否在创建时直接赋值呢？这时可以通过构造方法来简化操作。

```
public class Student
{
    public Student(string name,int age)
    {
        Name = name;
        Age = age;
    }

    public string;
    public int Age;
}

static void Main()
{
    Student tom = new Student("Tom",25);
}
```

在上面的代码中，为类 Student 添加了一个构造方法，在创建这个类的对象时，可以直接将姓名和年龄的值通过构造方法赋给对象以达到简化操作的目的。

构造在使用时先要明确构造是一个方法，但它比较特殊，与其他方法相比主要有以下 5 点不同。

① 构造必须与包含的类同名，这也是构造的标志。

② 构造没有返回。

③ 构造无法被显示调用。

④ 除非是必需的，否则不要定义非公有的构造。

⑤ 尽管构造不是必需的，但作为一个好的编程习惯，最好为用户自定义的类添加一个构造。

事实上，细心的读者会发现上面定义的类并没有构造，但是依然可以被实例化，这是为什么呢？其实，在定义的类中，系统会自动添加一个隐式的无参构造，这样就能够创建类的对象。如果显式定义了构造，则构造会自动覆盖隐式的无参构造。

现在通过带参数的方法对用户输入的信息进行相关验证，以确保字段中存放的数据是完整的，同时通过有返回的方法将字段中的值反馈给用户。

```
public class Student
{
    private int studAge;

    public void SetAge(int age)
    {
        if ((age > 10) && (age < 65))
            studAge = age;
        else
            studAge = 0;
    }

    public int GetAge()
    {
```

```
        return studAge;
    }
}
```

在上面的代码中，通过一个带参数的 SetAge()方法完成了用户信息验证和字段赋值操作，通过另外一个带返回的 GetAge()方法使用户可以访问字段值。这时就会产生另外一个新的问题：如果类中定义了 20 个字段，那是否要写 40 个 Get 和 Set 的方法来提供对这些字段的操作呢？如果这样操作，虽然可以成功，但太过于烦琐，可以用一种更加简洁的解决方式——属性来解决此问题。

# 3.4　属性

属性是类成员与外部进行信息交流的一种方式，和方法相同的是，属性既可以将类中的字段公开出来，又可以承担其相应的验证工作。它与方法的不同之处在于，属性的语法结构更加简洁，使用方式也同方法有所差别。

## 3.4.1　定义与使用

在 C#中定义属性的语法如下。

```
[访问修饰符] 数据类型 属性名称
{
    get{ return 字段;}
    set{ 字段 = value;}
}
```

属性的一个最重要的工作是公开类中的私有字段，因此一般定义属性时，访问修饰符都采用 public 以方便用户使用。数据类型虽然没有限制，但是一般情况下会和该属性操作的字段保持类型一致。属性的命名和字段类似，公有的采用 Pascal 命名法，私有的则使用驼峰命名法。

属性体中的 Get 和 Set 都是属性的访问器，Get 称为读访问器，通过这个访问器，外部用户可以读取属性的值，因此在 Get 部分需要使用 return 关键字将数据反馈给用户；Set 称为写访问器，通过这个访问器，外部用户可以为属性赋值。用户输入的值存放在 value 关键字中，这是一个系统定义好的关键字，可以直接使用。

可以采用属性的方式对前面的 Student 类进行如下修改。

```
public class Student
{
    private int age;

    public int Age
    {
        get{return age;}
        set
        {
            if((value >= 18) && (value <= 45))
```

```
                    age = value;
                else
                    age = 18;
            }
        }
    }
```

经过这样修改后，既可以通过 Age 属性的 Get 访问器将 age 字段公开出来供用户使用，又可以通过 Set 访问器对用户输入的信息进行相关验证。如果字段不需要验证，就可以不使用属性吗？这里需要说明的是，为了使程序具有更好的封装性，即使不需要验证的字段最好也用属性封装起来。但这样做程序就会变得冗余，因此 C# 2.0 之后提供了另外一种更简单的属性结构，其代码如下。

```
public class Student
{
    public string Name{get;set;}
}
```

这种结构称为自动属性，使用自动属性时不需要定义私有字段，访问器 Get 和 Set 的使用也不像以前那样复杂，但是这种属性结构是无法实现输入验证的，而且定义时必须给出 Get 和 Set 两个访问器。

不管采用哪种方式定义属性，它们使用的语法都是一样的。

```
对象.属性 = 值;      //赋值

变量 = 对象.属性;        //取值
```

例如，刚才定义的 Student 类可以这样使用。

```
Student tom = new Student;
tom.Age = 28;
tom.Name = "Tom";
```

比较后会发现对于同一个字段来说，属性看起来更加简洁，但这只是表面现象，实际上当属性被编译器编译以后，它依然会被还原成两个方法，即属性只是一种方法的简化定义结构，实际上程序还是通过方法来访问和操作字段的。

### 3.4.2 只读属性

在实际的开发过程中还会碰到这样的需求：定义的某些属性只希望用户读取其值，而不希望用户进行修改，例如，定义了一个电影类，其中有一个价格属性，显然希望用户能够看到其价格，但是不要修改这个值，这时就可以通过定义只读属性来解决这个问题。在 C#中有两种方式定义只读属性，由于属性的访问器 Get 和 Set 都是可选的，因此可以通过删除属性中的 Set 访问器来达到定义只读属性的目的。

```
private decimal price;

//只读属性
public decimal Price
{
```

```
    get { return price; }
  }
```

可以看到，Price 属性只有 Get 访问器而没有 Set 访问器，这样用户在使用这个属性时只能够读取其值，而不能为其赋值。如果编写了赋值语句，则系统会报错，如图 3-4 所示。

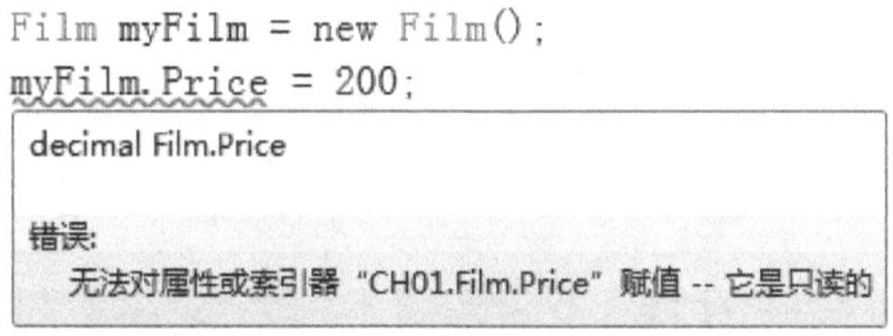

```
Film myFilm = new Film();
myFilm.Price = 200;
```
decimal Film.Price

错误:
    无法对属性或索引器 "CH01.Film.Price" 赋值 -- 它是只读的

图 3-4  只读属性

这是一种解决方法，但是它存在局限性，因为这样定义的只读属性无论对用户还是对程序员来说都是只读的，即用户不能修改该属性的值，程序员也不能对其进行赋值，有没有一种方式既能够限制用户的操作，又不影响程序员的开发呢？

这里可以借助访问修饰符来定义只读属性，因为属性编译完成后会被还原成方法，而方法是可以通过添加访问修饰符来控制其可访问范围的，因此属性也可以通过这样的操作来实现同样的效果。

```
private decimal price;
//只读属性
public decimal Price
{
    get { return price; }
    private set { price = value; }
}
```

在上面的代码中并没有删除 Price 属性的 Set 访问器，而是在其前面添加了 private 访问修饰符，这样在类的外部，该属性依然是只读的，如图 3-5 所示。

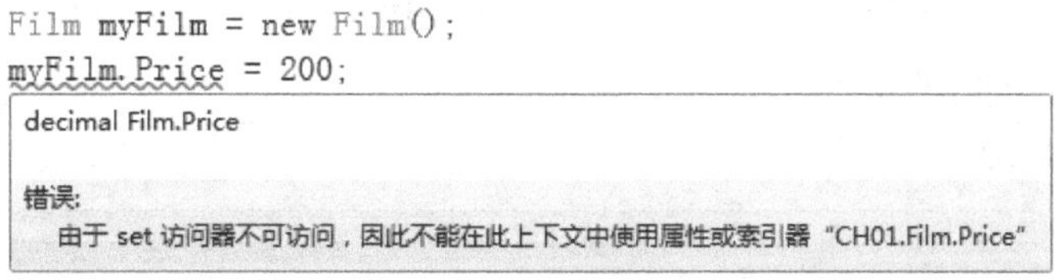

```
Film myFilm = new Film();
myFilm.Price = 200;
```
decimal Film.Price

错误:
    由于 set 访问器不可访问，因此不能在此上下文中使用属性或索引器 "CH01.Film.Price"

图 3-5  只读属性

注意，虽然都是错误提示，但是两次提示的内容是不一样的，第二次系统只提示在该位置属性的 Set 访问器不可访问，如果在类的内部为该属性赋值，则不会出现任何问题。

```
public class Film
{
    private void ChangePrice(decimal newPrcie)
    {
        Price = newPrcie;
    }
    …
```

```
        }
```

上面这段代码可以正常编译通过，没有任何问题。

总之，两种不同的只读属性其实现方式各有特点，决定了其使用场合有所不同。如果完全不希望该属性的值被修改，则可以采用第一种方式；如果只是不希望用户修改属性的值，则可以采用第二种方式。

# 3.5 名称空间

名称空间已简单介绍过，它是用来管理类的一种方式，因为在一个复杂的应用程序中，可能需要定义成百上千个类，正常情况下是没有问题的，但是如果两个类同名就会出现报错，例如。

```
public class Student{}

public class Student{}
```

这段代码在编译时就会报错，因为两个类是同名的，遇到这种情况时有两种解决方法：重命名或把两个类放在不同的名称空间中。

```
namespace CH0301
{
    public class Student{}
}

namespace CH0302
{
    public class Student{}
}
```

这样程序就可以正常编译运行了。但这两个名称空间的成员无法互相访问，其解决方法也有两个：在类名前加上名称空间的名称，或者用 using 关键字引入名称空间。

在类名前加上名称空间的名称。

```
namespace CH0301
{
    public class Student{}
}

namespace CH0302
{
    public class Student
    {
        CH0301.Student tom = new CH0301.Student();
    }
}
```

用 using 关键字引入名称空间。

```
using CH0301;

namespace CH0302
```

```
{
  public class Test
  {
    Student tom = new Student();
  }
}
```

using 关键字的另一个用途是给类和名称空间指定别名。如果名称空间的名称很长，在代码中多次出现，但又不希望该名称空间出现在 using 指令中，则可以采用指定别名的方式。

```
using 别名 = 名称空间/类;
```

例如，可以为刚才定义的两个名称空间定义不同的别名。

```
using CH301 = CH0301;
using C3Stud = CH0301.Student;
```

第一个别名指向的是名称空间 CH0301，第二个别名指向的是 CH0301 中的 Student 类，这里类是不需要加括号的。这样，在程序中使用 Student 类时即可通过别名来完成。

```
C3Stud tom = new C3Stud();
```

# 3.6 电子邮箱地址验证

类、对象、属性和方法是制作应用程序的基本组成部分，下面学习如何将它们组合在一起，共同完成一个功能完整的程序。

## 3.6.1 问题

电子邮件已成为人们互相通信的一个非常重要的手段，很多信息系统都包含了对电子邮箱地址的信息收集和管理功能。但是，电子邮箱地址的组成非常特别，因此在进入信息系统时必须经过严格验证，现在需要编写一个电子邮箱地址的验证程序，其运行效果如图 3-6 所示。

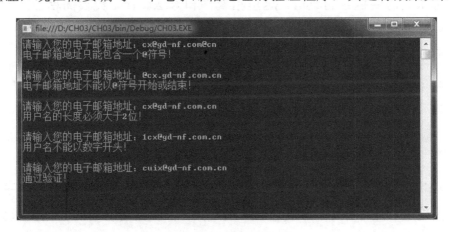

图 3-6 电子邮箱地址验证

编写电子邮箱地址的具体需求如下。

① 电子邮箱地址只能有一个@符号。

② @符号不能出现在地址的开头和结尾。

③ 用户名的长度不能小于 3 位。

④ 用户名不能以数字和“.”开头。

## 3.6.2 需求分析

### 1. 类设计

这是迄今为止遇到的最为复杂的一个问题，只有掌握正确的方法，理清思路才能完成整个程序的开发。

首先完成整个程序的类设计，就要解决程序中究竟需要设计多少个类，每个类都由哪些属性和方法组成等问题。对于第一个问题，虽然整个电子邮件地址的验证比较复杂，但它应该是一个完整的整体，没有必要再将其拆分成更小的部分，因此整个验证程序应该放置在一个类中。同时，还应该设置一个测试用的类，这样就不会将开发代码与测试代码混在一起了。综合起来要将整个程序设计成如下两个类。

```
public class MailValidate
{
    ...
}

public class Test
{
    ...
}
```

在上面的代码中，类 MailValidate 用于完成对电子邮箱地址的验证工作，而 Test 类则用于测试整个程序。对于初学者来说，遇到问题时切忌盲目地写代码，要先将整个问题看清楚，理清楚思路，才能写出高质量的代码。

然后确定每个类需要包含的成员，这里指属性和方法。Test 类较简单，因为它只承担测试的工作，所以只需要包含 Main() 方法即可。

```
public class Test
{
    static void Main()
    {
        //测试用
    }
}
```

对于 MailValidate 类就要一步一步地进行分析。首先，这个类需要有一个字段来保存用户输入的电子邮箱地址，因此需要一个属性；其次，根据需求知道地址的验证要求分成两个部分，一部分是对“@”符号的要求，另一部分是对用户名的要求，那么可以将这两部分的要求分别放在两个不同的方法中，但是这两个方法不能设计为公开的，因为用户并不需要知道具体的验证工作是如何实现的，即“隐藏细节”；最后，需要一个统一的外部用户能够访问到的方法。综合起来，MailValidate 类的设计如下。

```
public class MailValidate
```

```
{
    public string MailAddress { get; set; }

    private bool TestUserName()
    {
      //验证用户名
    }

    private bool TestDomain()
    {
      //验证@符号
    }

    public void Validate()
    {
        //公有方法，供用户调用
    }

}
```

　　在这段代码中为 MailValidate 类添加了一个字符串类型的自动属性 MailAddress，用来保存用户输入的电子邮箱地址。TestUserName()方法和 TestDomain()方法分别用来验证用户名和"@"符号，这两个方法都是私有的，而且都返回一个 bool 类型的值以说明是否通过了验证。提供一个公有的 Validate()方法供用户使用。至此，整个程序的大框架已经搭建完毕。

#### 2．字符串操作

　　这里要开始实现具体的操作，首先是 TestDomain()方法，在这个方法中需要完成对电子邮箱地址中"@"符号的验证，有两个要求：①唯一；②不能出现在地址的开头和结尾。对于第一个要求，最直接的方法就是遍历字符串，统计"@"符号的数量，但是过于复杂，因此这里采用相对简单的方法来实现，即

```
int first = MailAddress.IndexOf("@");
int last = MailAddress.LastIndexOf("@");

if (first != last)
{
    Console.WriteLine("电子邮箱地址只能包含一个@符号！");
    return false;
}
```

　　在这段代码中使用了字符串的两个方法：IndexOf()和 LastIndexOf()。这两个方法都用来查找指定的字符在字符串中出现的位置，它们都返回一个整型参数（查找到的下标），区别在于 IndexOf()方法获取的是字符串首次出现的位置，而 LastIndexOf()方法获取的是字符串最后一次出现的位置。这里查找的是"@"符号在字符串中出现的位置。如果这两个方法返回的都是-1，则标识字符串中不包含要查找的内容。获取"@"符号首次出现的位置和最后出现的位置后，将这两个下标进行对比。显然，如果用户输入的电子邮箱地址中出现多于一个的"@"符号，则这两个下标就不会相等。

对于第二个要求，依然可以继续使用这两个下标来进行判断。

```
if ((first == 0) || (last == MailAddress.Length-1))
{
    Console.WriteLine("电子邮箱地址不能以@符号开始或结束！");
    return false;
}
```

如果"@"符号首次出现的下标为 0，则说明它在地址的开头；如果最后出现的下标为字符串的长度减 1，则说明它在末尾。这里需要注意的是，下标是从 0 开始计数的，因此需要长度减 1，而 Length 属性可以得到字符串的长度。

在 TestUserName()方法中，需要对用户名进行验证，同样有两个要求：①长度大于 3；②不能用数字和"."开头。当然，首先需要将用户名从电子邮箱地址中分离出来，即将地址中"@"符号之前的内容提取出来。

```
int first = MailAddress.IndexOf("@");
string name = MailAddress.Substring(0, first);
```

字符串的截取采用的是 Substring()方法，它有两种用法：①传递一个整型参数；②传递两个整型参数。第一种用法是从指定的位置截取字符串，第二种用法是从指定的位置截取指定长度的字符串，例如：

```
string str = "ABCDEFGHIJK";

Console.WriteLine(str.Substring(3));
Console.WriteLine(str.Substring(3, 6));
```

同样都是采用 Substring()方法截取字符串 str，第一次传递了 3 作为参数，因此将从字符串的第 4 位开始截取字符串。第二次传递了 3 和 6 两个参数，因此将从字符串的第 4 位开始截取 6 个字符，其运行效果如图 3-7 所示。

图 3-7　Substring()方法运行效果

采用这个方法，从用户输入的电子邮箱地址的起始位置开始，截取到"@"符号出现的位置，这样就可以将用户名从地址中截取出来。

用户名的长度大于 3，以及不能以"."符号开头这两个要求利用前面介绍过的知识已经可以解决，因此下面来看如何判断用户名是否以数字开头。对于这个要求，可以将用户名的第一个字符截取出来并进行判断，但这是一个比较麻烦的方法，这里采用另一种比较简单的方法来实现。

```
if (char.IsDigit(name, 0))
{
    Console.WriteLine("用户名不能以数字开头！");
    return false;
}
```

char 是 C#提供的基础数据类型，用于标识一个字符，它提供的 IsDigit()方法可以帮助程序员验证指定的字符是否为一个十进制的数。这个方法可以直接将一个字符作为参数，也可以传递一个字符串和一个整型数作为参数，其作用是验证字符串中指定位置的字符是否为一个十进制的数。该方法返回一个 bool 值时，True 表示指定的字符是数字，False 表示指定的字符不是数字。

事实上，有关字符串操作的方法还有很多，在后续章节中将陆续进行介绍。

### 3. 测试类

这个类只用来测试刚才的编程成果，因此需要将 Main()方法放置在这个类中。

```
static void Main(string[] args)
{

    MailValidate mv = new MailValidate();

    Console.Write("请输入您的电子邮箱地址：");
    mv.MailAddress = Console.ReadLine();

    mv.Validate();
    Console.WriteLine("");
}
```

整个测试程序比较简单，首先创建验证类的实例，然后提供用户输入的操作，最后调用Validate()方法来完成验证工作。这个测试过程不和具体的验证操作交互，即验证过程对用户来说是被"隐藏"的。

### 3.6.3　实现电子邮箱地址的验证

经过前面的理论学习，下面完成电子邮箱地址验证程序的编写。

```
/// <summary>
/// 电子邮箱地址的验证
/// </summary>
public class MailValidate
{
    /// <summary>
    /// 属性：电子邮箱地址
    /// </summary>
    public string MailAddress { get; set; }

    /// <summary>
    /// 验证用户名
    /// </summary>
    /// <returns>验证结果</returns>
    private bool TestUserName()
    {
        //取得@符号的下标
        int first = MailAddress.IndexOf("@");
        //获取用户名
        string name = MailAddress.Substring(0, first);
```

```
        //长度小于3
        if (name.Length < 4)
        {
            Console.WriteLine("用户名的长度必须大于3位！");
            return false;
        }

        //不能以数字开头
        if (char.IsDigit(name, 0))
        {
            Console.WriteLine("用户名不能以数字开头！");
            return false;
        }

        //不能以.开头
        if (name.IndexOf(".") == 0)
        {
            Console.WriteLine("用户名不能以"."开头！");
            return false;
        }

        return true;
    }

    /// <summary>
    /// 验证电子邮箱地址
    /// </summary>
    /// <returns>验证结果</returns>
    private bool TestDomain()
    {
        //取得@符号的地址
        int first = MailAddress.IndexOf("@");
        int last = MailAddress.LastIndexOf("@");

        //判断@符号数量
        if (first != last)
        {
          Console.WriteLine("电子邮箱地址只能包含一个@符号！");
            return false;
        }

        //@符号不能在开头或结尾
        if ((first == 0) || (last == MailAddress.Length-1))
        {
            Console.WriteLine("电子邮箱地址不能以@符号开始或结束！");
            return false;
        }

        return true;
    }

    /// <summary>
    /// 验证电子邮箱地址
    /// </summary>
```

```
public void Validate()
{
    if (TestDomain())                //@符号验证
        if (TestUserName())          //用户名验证
            Console.WriteLine("通过验证！");
        else
            return;
    }
}


/// <summary>
/// 测试类
/// </summary>
public class Example02
{
    static void Main()
    {
        MailValidate mv = new MailValidate();

        Console.Write("请输入您的电子邮箱地址：");
        mv.MailAddress = Console.ReadLine();

        mv.Validate();
        Console.WriteLine("");
    }
}
```

上面的代码和在需求分析阶段的代码基本相同，需要注意的是，在这段代码中使用了注释，事实上 C#本身继承了 C 语言的注释方式：单行注释使用//，表示此行所有内容都会被编译器忽略；多行注释使用/\*……\*/，表示/\*和\*/之间的所有内容都会被编译器忽略。

除这两种注释之外，C#还有一个非常出色的功能，即根据特定的注释自动创建 XML 格式的文档说明。这些注释都是单行注释，但是使用 3 条斜线（////）开头，而不是通常的两条斜线。大部分情况下，当在一个类或类成员上输入 3 条斜线后，系统会自动帮助程序员生成相应的内嵌代码，程序员只需要在特定的位置写上注释即可。

常用的内嵌注释标记有<summary>、<param>、<returns>。

<summary>标记用来提供对相关对象的简短说明，例如：

```
/// <summary>
/// 测试类
/// </summary>
```

<param>标记用来说明方法的参数，一般情况下会在其后加上参数的名称，例如：

```
/// <param name="参数名称">参数说明</param>
```

<returns>标记用来说明方法的返回值，例如：

```
/// <returns>是否购买成功</returns>
```

注释不是必需的，但是应该养成一个好的编程习惯，为程序添加完整详细的注释，这样既可以增加程序的可读性，又可以帮助程序员整理思路。

本章主要学习了 C#中的类和对象。这里需要重点理解类和对象的概念及其关系，即类是对象的抽象，对象是类的具体化。在此基础之上，学习了如何定义类，以及怎样根据类声明相应的对象。

在类和对象的基础之上继续学习了方法的定义和使用，方法作为类的重要组成成员，承担了封装操作和隐藏细节的功能，通过对参数和返回值的设置，可以将复杂的问题拆分成简单的程序块，从而简化开发。

属性作为类中封装和公开字段的常用手段，在类中占有重要位置，通过属性可以控制用户对字段的访问，并且对用户输入的信息进行验证。

# 上机操作 3

总目标：

① 熟练掌握类和构造的定义及其使用。

② 熟练掌握自定义方法的使用。

③ 掌握名称空间的定义和使用。

**上机阶段一（25 分钟内完成）**

上机目的：熟练掌握类和构造的定义以及使用。

上机要求：某网上书店需要对现有系统进行重新设计，为了适应新技术的应用，本次设计完全采用 OOP 方式；为了保密，该网站只能提供网站的运行效果图，如图 3-8 所示。现在需要根据运行效果截图完成图书类设计。

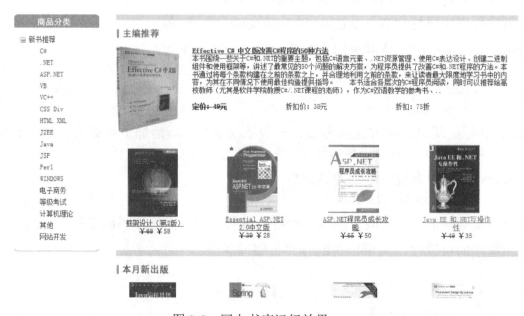

图 3-8　网上书店运行效果

**实现步骤**

**步骤 1：** 仔细分析运行效果图。

**步骤 2：** 在 VS 2010 中创建控制台应用程序，添加新文件 LabExample01.cs。

**步骤 3：** 创建新类 Book 并根据分析结果添加相应的属性。

**步骤 4：** 添加构造方法以方便用户使用。

**步骤 5：** 在 Main()方法中测试设计。

**需要特别注意：**

① 本次设计没有标准答案，但需要注意没有呈现出来的属性。

② 注意分类信息。

**上机阶段二（25 分钟内完成）**

上机目的：熟练掌握自定义方法的使用。

上机要求：在完成了图书类的设计后，该网站又要求我们制作一个简单的图书查询程序，能够至少根据两个条件来查询图书信息。在查询的过程中要求能够实现模糊查询，并且能够根据查询结果将图书信息呈现出来，如图 3-9 所示。

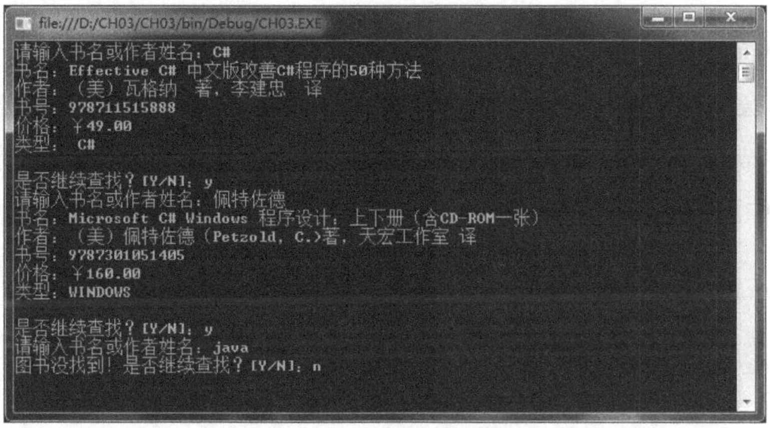

图 3-9 图书查询效果

**实现步骤**

**步骤 1：** 在文件 LabExample01.cs 中添加一个新的 Test 类。

**步骤 2：** 在 Test 类中添加 Main()方法。

**步骤 3：** 创建 BookManage 类，在其中定义一个字符串类型的数组，用来保存图书名称。

**步骤 4：** 查询帮助，了解字符串 Contains()方法的使用。

**步骤 5：** 完成图书查询和显示功能.

**需要特别注意：**

Contains()方法的作用是查看指定字符串是否包含在另一个字符串中。

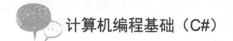

计算机编程基础（C#）

**上机阶段三（25 分钟内完成）**

上机目的：掌握名称空间的定义和使用。

上机要求：小蔡在一个家用电器销售的电子商务公司负责系统软件的开发，在工作过程中，他遵循这样的类设计命名规则——厂商名称_电器类型_电器类，如格力家用空调的类名是 Gree_WhiteGoods_AirCondition，而格兰仕电风扇的类名是 Galanz_SmallGoods_Fanner。但是，他发现这种命名方式既烦琐又不好用，现在需要利用名称空间来重新设计和组织这些类。

**实现步骤**

**步骤 1：** 在项目中添加新的文件 LabExample02.cs。

**步骤 2：** 根据自己的设计划分名称空间。

**步骤 3：** 在名称空间下放置类。

**需要特别注意：**

① 本次设计没有标准答案，但需要注意设计的条理性和易用性。

② C#中名称空间可以嵌套。

**上机阶段四（25 分钟内完成）**

上机目的：熟练掌握自定义方法的使用。

上机要求：本章完成了电子邮箱地址验证程序，事实上除了本书给出的方法，还有很多种不同的方式可以完成这个程序，其中比较常用的是采用字符串的 Split()方法。

Split()方法的作用是根据指定的字符将一个字符串拆分成一个字符串数组，例如：

```
string str = "2012-10-23";
string[] date = str.Split('-');

Console.WriteLine("年: " + date[0]);
Console.WriteLine("月: " + date[1]);
Console.WriteLine("日: " + date[2]);
```

在这段代码中，通过 Split()方法将字符串 str 按照"-"进行拆分，从而得到一个包含三个成员的字符串数组，分别是年、月和日，这段代码的运行效果如图 3-10 所示。

图 3-10　Split()方法运行效果

现在需要采用 Split()方法来重新设计和完成电子邮箱地址验证程序。

**实现步骤**

**步骤 1：** 在项目中添加新的文件 LabExample03.cs。

**步骤 2**：按要求设计实现 MailValidate 类。

**步骤 3**：采用新的方法实现 TestUserName()方法和 TestDomain()方法。

**步骤 4**：按要求设计和实现 Test 类，并测试程序。

# 课后实践 3

**选择题**

（1）在 C#中，创建类使用的关键字是（    ）（选 1 项）。

    A．void                    B．int

    C．class                  D．namespace

（2）在 C#中，创建对象使用的关键字是（    ）（选 1 项）。

    A．void                    B．new

    C．class                  D．namespace

（3）在 C#中，创建名称空间使用的关键字是（    ）（选 1 项）。

    A．void                    B．new

    C．class                  D．namespace

（4）默认情况下，名称空间、类、字段的访问级别顺序是（    ）（选 1 项）。

    A．类>名称空间>字段

    B．名称空间>字段>类

    C．字段>类>名称空间

    D．名称空间>类>字段

（5）以下代码的运行结果是（    ）（选 1 项）。

```
public class DaysInYear
{
    pivate int days;

    static void Main()
    {
        DaysInYear newDaysInYear = new DaysInYear();
        Console.WriteLine(newDaysInYear.days-1 + "\n" + "End");
    }
}
```

    A．-1

       End

    B．-1

    C．-1nEnd

    D．程序编译时，提示变量没有初始化的错误信息，不能进行编译和运行

# WinForm 基础（一）

## 4.1 概述

经过前三章的学习，我们已经掌握了 C#的基本操作，也制作了几个简单的小程序，但是这些程序始终没有界面。显然，不可能永远用控制台应用程序来开发系统，因此从本章开始学习 WinForm 程序的编写，使应用程序拥有界面。

**本章主要内容：**

① 了解 Windows 应用程序；
② 理解事件驱动编程模式；
③ 熟练掌握 WinForm 应用程序；
④ 掌握窗体的常用属性、方法和事件。

## 4.2 窗体

自从图形界面出现后，窗体就成为应用程序的一个重要组成部分，如今在 Windows 应用程序的制作过程中，窗体的制作已成为最主要的工作之一。在.NET 环境下，制作 Windows 应用程序所采用的技术称为 WinForm。下面开始学习 Windows 应用程序的制作。

### 4.2.1 创建 WinForm 应用程序

创建 WinForm 应用程序和创建控制台应用程序的过程基本一样，只是模板选用的是"Windows 窗体应用程序"，如图 4-1 所示。

创建成功的 WinForm 应用程序默认已经有一个名为 Form1 的窗体，如图 4-2 所示。

此时程序已经可以运行了，但只有一个没有任何内容的窗体，我们要想制作出精美的 Windows 窗体还需要学习很多内容。

图 4-1　创建 WinForm 应用程序

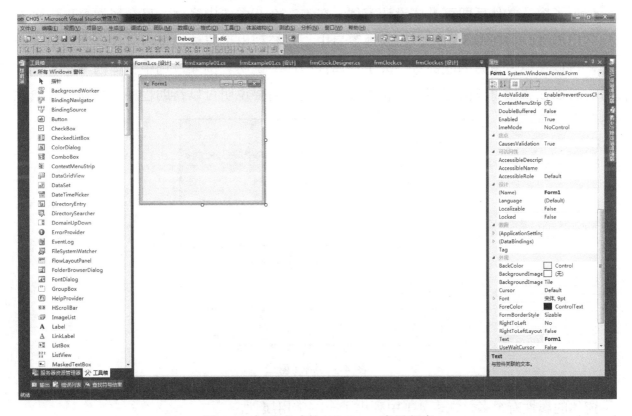

图 4-2　创建成功的 WinForm 应用程序

### 4.2.2 认识窗体

窗体是 Windows 应用程序的基础，所有内容必须依托于窗体才能完整地呈现出来，因此首先需要认识窗体。在 WinForm 中，一个完整的窗体是由两个文件构成的：一个窗体的 cs 文件及一个对应的 Designer.cs 文件。例如，默认的 Form1 窗体就是由 Form1.cs 和 Form1.Designer.cs 两个文件组成的。

仔细观察这两个文件，会发现它们都包含一个名为 Form1 的类。同一个名称空间下可以有两个名称相同的类吗？观察这两个类会发现，在 class 关键字前还有一个关键字 partial。

partial 的意思是"部分的"，即这两个类是同一个类，只是分成两个部分来写了。事实上，在窗体的制作过程中有些工作是需要程序员来完成的，而有些工作则需要系统帮助程序员来完成。为了更好地组织代码，VS 2010 将系统自动添加的代码放在 Designer.cs 文件中，程序员编写的代码则放在窗体的 cs 文件中。

另外，在 Form1.cs 中还发现这样一个结构：

```
public partial class Form1 : Form
```

它被称之为"继承"，简单来说，就是将其他人做好的内容拿来使用。刚才提到，窗体的创建实际上是一个很复杂的过程，因为需要告诉操作系统窗体许多信息，然后操作系统根据这些信息在屏幕上"画"出所要的窗体，这其中的很多工作 Microsoft 工程师已经帮程序员做好了，程序员只需要通过"继承"使用即可。有关继承的详细内容会在后续章节中讲解。

### 4.2.3 常用属性

认识了窗体文件后即可具体设计窗体。在 VS 2010 中选中窗体，可在属性窗口中查看窗体的常用属性，如图 4-3 所示。在属性窗口中，系统列出了窗体的各种属性，当选中某个属性时，可以在属性窗口的底部看到关于该属性的简要说明。例如，选中窗体的 BackColor 属性后，可以在属性窗体的底部看到相关描述。这个简要说明可以帮助程序员快速认识属性。

图 4-3 属性窗口

窗体的属性有很多，在表 4-1 中列出了一些常用属性。

表 4-1  窗体的常用属性

| 属  性 | 说  明 |
| --- | --- |
| AcceptButton | 获取或设置当用户按 Enter 键时所单击窗体上的按钮 |
| BackColor | 获取或设置窗体的背景色 |
| BackgroundImage | 获取或设置在窗体中显示的背景图像 |
| FormBorderStyle | 获取或设置窗体的边框样式 |
| Name | 获取或设置窗体的名称 |
| Size | 获取或设置窗体的大小 |
| StartPosition | 获取或设置运行时窗体的起始位置 |
| Text | 获取或设置窗体的标题文本 |
| WindowState | 获取或设置窗体的窗口状态 |

在实际开发过程中并不是所有的属性都会用到，其中有两个属性是一定会用到的：Name 和 Text。Name 属性一般用来命名窗体文件，多采用 frm 前缀加上窗体的名称来命名，如 frmStudentList、frmFilmManage 等。Text 属性一般修改为窗体的中文名称，如学员列表等。

### 4.2.4  常用方法

除了属性，窗体也包含很多方法，在表 4-2 中列出了窗体的常用方法。

表 4-2  窗体的常用方法

| 方  法 | 说  明 |
| --- | --- |
| Activate() | 激活窗体并设置焦点 |
| Close() | 关闭窗体 |
| Dispose() | 销毁窗体对象并释放其占用的资源 |
| Hide() | 隐藏窗体对象 |
| Show() | 显示窗体对象 |
| ShowDialog() | 将窗体显示为模式对话框 |

同样的，这些方法只是窗体众多方法中的一部分，在实际开发的过程中常用的方法是 Show()和 ShowDialog()、Close()和 Hide()等。

### 4.2.5  常用事件

对象的另一个要素是事件，事件告诉我们对象能够对哪些动作或行为做出响应。例如，登录 SQL Server 数据库服务器时，输入用户名和密码后单击登录按钮，系统就会对输入的内容进行验证以确定是否能够登录，事实上当单击登录按钮后，就会触发按钮的 Click 事件，系统接到事件触发的消息后就会对该事件进行处理。但是前面一直没有用到过事件，因为对象太简单了，而窗体作为一个复杂的对象，提供了很多事件，在窗体的属性窗口中单击闪电图标，就可以看到窗体的事件列表，如图 4-4 所示。和属性窗体类似，当在事件窗体中选中某一个事件后，可以在事件窗体的底部看到关于该事件的简单说明。

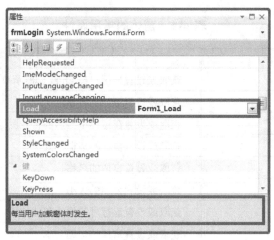

图 4-4　窗体的事件列表

在表 4-3 中列出了窗体的常用事件。

表 4-3　窗体的常用事件

| 名　称 | 说　明 |
| --- | --- |
| Closed | 关闭窗体后发生 |
| Closing | 关闭窗体时发生 |
| KeyDown | 用户在键盘上按下某键时发生 |
| KeyPress | 用户在键盘上按下一个键，并产生一个字符时发生 |
| KeyUp | 在窗体有焦点的情况下，释放键时发生 |
| Load | 在第一次显示窗体前发生 |
| Resize | 在调整窗体大小时发生 |

在 Windows 应用程序中，通常用户会通过一些特定的事件来和应用程序进行交互，而作为程序员，要事先做好这些事件的处理程序，这种通过事件来驱动程序运行的方式称为事件驱动，而编程也被称为事件驱动编程模式。

# 4.3　控件

Windows 应用程序中另一个重要的组成部分是各种控件，事实上窗体是应用程序的载体，而真正实现功能要通过各种不同的控件来实现。在 WinForm 中，系统为用户提供了大量的控件，这些控件的外观和功能各不相同，学习和使用这些控件是 WinForm 编程的基础。

面对这么多的控件，我们没必要将所有控件都熟练掌握，只要掌握常用控件即可。

## 4.3.1　Label 控件

Label（标签）控件一般用于给用户提供描述性文本，大部分情况下标签控件会和其他控件一起出现，为用户提供相应的说明信息。对于用户来说，标签控件的信息是只读的，但是可以通过代码修改其 Text 属性来改变这些信息。

```
Label1.Text = "Hello World!";
```

除这个属性外，标签控件还具有以下常用属性。

① AutoSize：获取或设置标签的大小。默认情况下，标签的大小会自动根据其内容变化。

② Name：获取或设置标签对象的名称。标签控件在命名时使用 lbl 前缀，如 lblName 等。

③ BackColor：获取或设置标签的背景颜色。

④ Font：获取或设置标签的文本字体。

⑤ ForceColor：获取或设置标签文本的字体颜色。

标签控件有很多方法，由于用户不能操作标签控件，所以很少用到这些方法。事件中最常用的是 Click，即标签被单击时触发的事件。

### 4.3.2　TextBox 控件和 RichTextBox 控件

在绝大多数的管理信息系统（Management Information System，MIS）中，程序员面对的首要问题就是采集用户的信息，大多数情况下会让用户自己输入这些信息，能完成这个任务的有两个控件：TextBox 和 RichTextBox。

TextBox 控件是一个基本的输入控件，如图 4-5 所示。

默认情况下，TextBox 控件只能接收单行信息的输入，并且最大可以接收 32767 个字符，可以通过 MaxLength 属性来限制用户输入的字符数量。如果用户需要输入大量的信息时，可以将 TextBox 控件的 MultiLine 属性设置为 true，这样就可以通过鼠标拖动来得到一个进行多行输入的文本框，并且通过 ScrollBars 属性来设置滚动条，如图 4-6 所示。

图 4-5　TextBox 控件效果　　　　　　　图 4-6　多行文本框

还有一种情况，用户输入的信息是保密的，如银行密码等，这时可以通过 TextBox 控件的 PasswordChar 属性来设置输入内容的掩码，如将其设置为"*"符号，这样当用户输入信息时就会显示为"*"，如图 4-7 所示。

TextBox 控件作为一个基本的信息输入控件可以胜任大多数的信息采集任务，但是仍然在一些特殊情况下无法使用，例如，用户输入的信息量非常大，而且文字中还包含各种制表符和样式信息，此时只能采用 RichTextBox 控件。

RichTextBox 控件是一个功能更加强大的文本输入控件，它默认是多行的，最大可以接收 2147483647 个字符，包括各种制表符，甚至图片，但是它无法实现密码输入效果，其运行效果如图 4-8 所示。

图 4-7　密码框　　　　　　　图 4-8　RichTextBox 控件效果

TextBox 控件和 RichTextBox 控件都提供了 TextChange 事件，即文本内容发生变化时所触发的事件，可以在这个事件中进行自动信息验证和自动补全信息等。但需要注意的是，这个事件是实时的，即只要 Text 属性发生变化，这个事件就会立刻触发，因此最好不要在这个事件中完成过于复杂的功能，否则将严重影响程序的性能。

### 4.3.3  Button 控件

当用户完成信息录入后，需要给系统一个信号，让它来处理这些信息，这个工作大部分交给命令 Button（按钮）控件来完成。

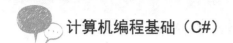

图 4-9  按钮控件

Button 控件最常见的用法是通过其 Text 属性设置明确的命令名称，如"确认""保存"等，当用户单击按钮后，通过事件处理程序的代码来执行相应的命令。默认情况下，按钮控件如图 4-9 所示。

除 Text 属性外，Button 控件还具有以下常用属性。

① Name：获取或设置按钮对象的名称。按钮对象在命名时使用 btn 前缀，如 btnSave 等。

② Font：获取或设置按钮的文本字体。

③ ForeColor：获取或设置按钮文本的字体颜色。

④ Image：获取或设置显示在按钮控件上的图像。

按钮控件包含很多方法，常用的是 Focue()方法，即为按钮控件设置输入焦点。事件中最常用的是 Click，即按钮被单击时所触发的事件。

### 4.3.4  PictureBox 控件

PictureBox 控件用于显示图像，图像可以是 BMP、JPEG、GJF、PNG、元文件格式或图标。PictureBox 控件本身比较简单，属性也比较少，常用的属性如下。

① Name：在代码中用来标识控件的名称，其前缀采用 pic。

② Image：在控件中显示的图像。可以通过对话框来选择图片，也可以通过代码来实现。

```
picStart.Image = Image.FromFile("C:\\1.jpg");
```

其中，Image 是 C#中操作图像的类，FromFile()方法用来加载图片文件，其需要提供图片文件的路径作为参数。

③ SizeMode：在代码中处理图片位置和控件大小。其有以下五个固定的取值。

■ Normal：图像被置于 PictureBox 控件的左上角，如果图像比该控件大，则该图像将被裁剪掉。

■ StretchImage：PictureBox 控件中的图像被拉伸或收缩，以适应该控件的大小。

■ AutoSize：调整 PictureBox 控件的大小，使其等于所包含的图像大小。

■ CenterImage：如果 PictureBox 控件比图像大，则图像将居中显示；如果图像比该控件大，则图像居中，而外边缘将被裁剪掉。

■ Zoom：图像大小按其原有的大小比例增加或减小。

PictureBox 控件没有常用的方法，常用事件是 Click，即按钮被单击时所触发的事件。

### 4.3.5　Timer 控件

Timer 是一个很有趣的控件，它可以按定义的时间间隔来引发事件，就像一个闹钟。它是一个简单的控件，常用属性只有以下三个。

① Name：在代码中用来标识控件的名称。

② Enabled：时钟的开关，当设置为 True 时，时钟就会开始工作。

③ Interval：时钟工作的时间间隔，即隔多长时间时钟触发一次，其单位是毫秒，如将其设置为 1000，则时钟会每秒触发一次事件。

Timer 控件没有常用的方法，事件只有 Tick，即每个时间间隔所触发的事件，可以在这个事件中通过代码告诉时钟需要做什么事情。

```
private void timer1_Tick(object sender, EventArgs e)
{
    lblNum1.Text = r.Next(0, 10).ToString();
}
```

# 4.4　用户登录

下面通过一个简单的用户登录窗体来学习窗体和控件的使用方法。

### 4.4.1　问题

在大部分的 MIS 中，用户在使用之前需要先完成登录操作，这个过程并不复杂。首先需要提供一个窗体，供用户输入其用户名和密码，然后对用户输入的信息进行验证，其运行效果如图 4-10 所示。

这个窗体看起来比较简单，其具体需求如下。

① 窗体运行时要处于屏幕的中央，并且不能被最大化和最小化，也不能够改变大小。

② 用户名和密码的长度限制在 8 位以内。

③ 单击"登录"按钮或按"Enter"键后开始登录验证。

④ 单击"取消"按钮或按"Esc"键后退出。

图 4-10　登录窗体

### 4.4.2　需求分析

打开刚创建的 Windows 项目 CH05，根据需求在窗体上放置两个标签、两个文本框和两个按钮，以完成各项需求。

## 1. 控件设置

首先将控件按照界面要求排放好，然后开始设置它们的各项属性。对于标签和按钮来说，只需要设置其 Name 属性和 Text 属性，文本框除这两个属性外还需要设置 MaxLength 属性和 PasswordChar 属性，具体设置如表 4-4 所示。

表 4-4　控件的属性设置

| 窗 体 元 素 | 类　　型 | 属 性 设 置 |
|---|---|---|
| 用户名： | Label | Name 为 lblUid，Text 为用户名： |
| 密码： | Label | Name 为 lblPwd，Text 为密码： |
| 用户名输入框 | TextBox | Name 为 txtUid，MaxLength 为 8 |
| 密码输入框 | TextBox | Name 为 txtPwd，MaxLength 为 8，PasswordChar 为* |
| 登录按钮 | Button | Name 为 btnLogin，Text 为登录 |
| 取消按钮 | Button | Name 为 btnCancel，Text 为取消 |

## 2. 窗体设置

对于窗体，需要满足的要求比较多，相应的属性设置也比较多。首先，窗体运行时要求在屏幕的中央，可以通过 StartPosition 属性来设定，其作用是设置窗体的起始位置，它有五个取值，如表 4-5 所示。

表 4-5　StartPosition 属性的取值

| 取　　值 | 说　　明 |
|---|---|
| Manual | 窗体的位置由 Location 属性确定 |
| CenterScreen | 窗体在当前显示窗口中居中，其尺寸在窗体大小中指定 |
| WindowsDefaultLocation | 窗体定位在 Windows 中的默认位置，其尺寸在窗体大小中指定 |
| WindowsDefaultBounds | 窗体定位在 Windows 中的默认位置，其边界由 Windows 默认决定 |
| CenterParent | 窗体在其父窗体中居中 |

这里选择将 StartPosition 属性设定为 CenterScreen，这样窗体运行时就会处于屏幕的中央，如图 4-11 所示。

图 4-11　设定 StartPosition 属性

窗体的最大化和最小化是通过 MaximizeBox 属性和 MinimizeBox 属性设定的，这两个属性都是布尔类型的，默认为 True，即窗体显示最大化和最小化按钮。如果设定为 False，则窗体上的最大化和最小化按钮不会显示出来，窗体无法被最大化和最小化，如图 4-12 所示。

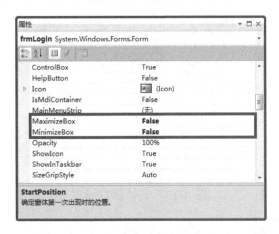

图 4-12　设定 MaximizeBox 属性和 MinimizeBox 属性

窗体的样式可以通过 FormBorderStyle 属性设定，该属性的作用是获取或设置窗体的边框样式，共有七个取值，如表 4-6 所示。

表 4-6　FormBorderStyle 属性的取值

| 取　值 | 说　明 |
| --- | --- |
| None | 无边框 |
| FixedSingle | 固定的单行边框 |
| Fixed3D | 固定的三维边框 |
| FixedDialog | 固定的对话框样式的粗边框 |
| Sizable | 可调整大小的边框 |
| FixedToolWindow | 不可调整大小的工具窗口边框 |
| SizableToolWindow | 可调整大小的工具窗口边框 |

表中以 Fixed 作为前缀的属性都可以完成该要求，但是其属性存在细微的差别，在本例中选择的是 FixedSingle，其他属性及其运行效果请读者自行观察。

最后两个要求的实现是在按钮事件中完成的，但是可以通过属性将按钮和窗体关联起来，这样就可以实现按 "Enter" 键后开始登录验证，以及按 "Esc" 键后退出。关联的方式是通过两个窗体属性 AcceptButton 和 CancelButton 来完成的，前者用来获取或设置当用户按 "Enter" 键时所单击的窗体上的按钮，这里设定为登录按钮。后者则用来获取或设置当用户按 "Esc" 键时单击的按钮控件，这里设定为取消按钮。另外，需要将 Text 属性设置为 "用户登录"，如图 4-13 所示。

### 3. 事件设置

前面提到过，WinForm 编程是事件驱动的，即在编写程序时，大部分工作是在控件的特定事件中编写处理程序的，并观察是否能够满足用户的需求，例如，在登录按钮的 Click 事件中编写用户身份验证的处理程序，然后运行程序，查看是否能够实现该功能。这里有两个要点：合适的控件和合适的事件。在 WinForm 中，每一个对象都有很多不同的事件，但并不是每一个事件都会用到，事实上常用的事件是有限的。

图 4-13　其他属性设置

打开事件处理程序代码的方式有两种：在开发界面中双击对象，或者在对象事件列表中双击事件。双击对象打开的是该对象的默认事件，在 WinForm 中每一个对象都有一个默认事件，即最常用的事件，如按钮的默认事件是 Click，双击按钮就会打开其 Click 事件处理程序。

通过对象事件列表打开事件处理程序主要用于对象的非默认事件，其方式并不复杂：首先找到要处理的事件，在其属性窗口中单击闪电图标，即可看到该控件的事件列表，如图 4-14 所示。

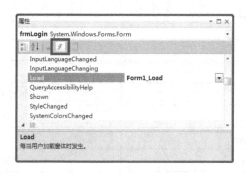

图 4-14　打开事件列表

无论采用哪种方式，都会来到窗体的代码编写视图部分。例如，双击"登录"按钮后会看到其代码设计视图，如图 4-15 所示。

```
frmLogin.cs × frmLogin.cs [设计]
CH05.frmLogin
    using System.Data.Common;
    using System.Drawing;
    using System.Linq;
    using System.Text;
    using System.Windows.Forms;

namespace CH05
{
    public partial class frmLogin : Form
    {
        public frmLogin()
        {
            InitializeComponent();
        }

        private void Form1_Load(object sender, EventArgs e)
        {
        }

        private void btnLogin_Click(object sender, EventArgs e)
        {
            |
        }
    }
}
```

图 4-15　代码设计视图

图中的方框部分就是系统自动创建的登录按钮 Click 事件的处理程序，这里通过编写代码可以告诉系统该如何处理这个事件。我们联系到前面学习的内容会发现，事件处理程序其实就是窗体类中的一个私有方法，只是这个方法是系统自动生成的。在这个方法中，方法的命名是对象名称_事件名称，这里可以看到方法名称是 btnLogin_Click。其中参数有两个，第一个是 object 类型的 sender 参数，用于对事件源对象进行引用，如这里 sender 指的就是登录按钮；第二个是 EventArgs 类型的 e 参数，用于对事件参数进行引用，这里 e 就是 Click 事件的参数。可以在这个方法中编写代码来完成对用户单击登录按钮动作的响应。

```
private void btnLogin_Click(object sender, EventArgs e)
{
    if ((txtUID.Text == "admin") && (txtPwd.Text == "123"))
    {
        lblMsg.Text = "登录成功！";
        lblMsg.BackColor = Color.Blue;
    }
    else
    {
        lblMsg.Text = "登录失败！";
        lblMsg.BackColor = Color.Red;
    }
}
```

在这段代码中，设定用户名是"admin"，密码是"123"，如果用户输入的用户名和密码是正确的，则在一个标签中显示"登录成功！"，并将标签的背景颜色改为蓝色。如果用户输入的用户名和密码不正确，则显示"登录失败！"，并将标签的背景颜色改为红色。这里 Color 是 C#中用来定义和使用颜色的对象，可以通过其属性来获取系统定义的各种颜色，登录窗体运行效果如图 4-16 所示。

（a）登录成功　　　　　　（b）登录失败

图 4-16　登录窗体运行效果

事实上，可以将事件看成是对象之间的互动。例如，对象 A 做了一些动作或行为，这些动作或行为会影响到对象 B，这时对象 B 就会做出响应。在这个过程中，对象 B 需要知道是谁做出了这些动作或行为，即上面提到的 sender 参数。此外，还要知道这些动作或行为传递了什么信息，即 e 参数，这样对象 B 才能够根据这些信息做出响应。

例如，小蔡很喜欢同事小毅，于是有一天他为小毅买了一份早餐，小毅拿到早餐后很自然地会对小蔡表示感谢。将这个过程对应到事件中，小蔡可以看成是对象 A，而小毅可以看成是

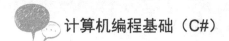

对象 B，因为动作是小蔡做出的，因此他是 sender，小蔡和小毅之间传递的是早餐，因此它是 e，而小毅做出的响应是"感谢"，整个过程可称为"爱心早餐"事件，这样通过该事件，两个对象小蔡和小毅就产生了互动，一段办公室恋情就此悄然产生了。

### 4.4.3 实现用户登录

在完成了以上需求分析后，可以实现登录窗体，其代码如下。

```csharp
public partial class frmLogin : Form
{
    public frmLogin()
    {
        InitializeComponent();
    }

    private void frmLogin_Load(object sender, EventArgs e)
    {
        lblMsg.Text = "";
    }

    private void btnLogin_Click(object sender, EventArgs e)
    {
        if ((txtUID.Text == "admin") && (txtPwd.Text == "123"))
        {
            lblMsg.Text = "登录成功！";
            lblMsg.BackColor = Color.Blue;
        }
        else
        {
            lblMsg.Text = "登录失败！";
            lblMsg.BackColor = Color.Red;
        }
    }

    private void btnCancel_Click(object sender, EventArgs e)
    {
        Application.Exit();
    }
}
```

上面这段代码在窗体的 Load 事件中完成了对消息标签的初始化，因为刚运行时不需要显示任何信息，所以将其 Text 属性设置为空。在"登录"按钮的 Click 事件中，可完成对用户信息的验证，在"取消"按钮的 Click 事件中只有一行代码，即退出系统。这里用到了 Application 类，它提供了很多方法用于管理应用程序，其中 Exit()方法的作用是退出系统。

## 4.5 摇奖机

下面制作一个简单的摇奖机，其原理是通过不停地变换随机数的方式来产生中奖号码。

## 4.5.1　问题

某商场策划了一个有奖促销活动，凡是在商场消费超过 300 元的顾客都会得到一张奖票，每个整点商场都会进行摇奖，摇中的顾客可以得到相应的奖品。为了方便，商场委托我们制作一个自动摇奖的小程序，能够自动地随机产生一个 6 位的中奖号码，其运行效果如图 4-17 所示。

图 4-17　摇奖机

摇奖机的具体需求如下。

① 界面要美观，因此不能采用普通的窗体。

② 整个摇奖的过程要尽可能简单，以杜绝作弊。

③ 颜色要鲜艳、醒目。

④ 摇奖的结果是随机的，不能有人为操作的痕迹。

## 4.5.2　需求分析

下面来仔细分析摇奖机的各项需求。

### 1. 不规则窗体的制作

仔细观察图 4-17 提供的摇奖机界面，会发现它没有边界，外形也不是传统的形状，这种窗体称为不规则窗体，但制作起来并不复杂。

首先，准备一张 BMP 格式的图片，其色彩反差要大些，这样才能边界清晰，否则会出现"毛刺"。找到窗体的 BackgroundImage 属性，如图 4-18 所示。

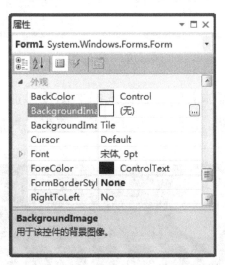

图 4-18　窗体的 BackgroundImage 属性

单击其属性右边的 按钮，打开窗体背景图片的设置窗体，在 WinForm 中，系统用的图片有两个来源：资源文件和本地系统导入。因为此项目的资源文件是空的，所以选择本地系统导入方式将刚才的图片设置为窗体的背景图片，如图 4-19 所示。

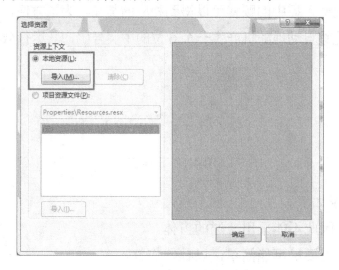

图 4-19　导入本地系统图片

单击"导入（M）…"按钮弹出"打开"对话框，选中刚才准备的图片，然后单击"打开（O）"按钮，如图 4-20 所示。

图 4-20　选择图片

这时在刚才选择资源的窗体右侧看到被选择的图片已加入到系统资源中，单击"确定"按钮完成窗体背景图片的设置，调整窗体的大小以便更好地展示图片，如图 4-21 所示。

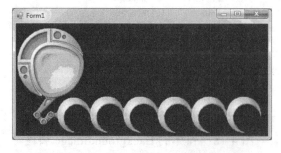

图 4-21　窗体背景图片设置完成

此时如果运行程序，我们会发现效果不好，没有任何镂空效果出现，因此还需要做进一步的加工。在窗体的属性窗口中找到 TransparencyKey 属性，将其设置为图片的背景颜色，如黑色，这样窗体上所有黑色的部分都会变成透明的，即将窗体上黑色的部分给"抠"去了，如图 4-22 所示。

图 4-22　设置 TransparencyKey 属性

再次运行程序，窗体镂空效果即可实现。这个过程中最为重要的是图片的色彩，最好使用纯色作为背景颜色的图片，而且背景颜色和其他部分的色彩反差越大越好，这样镂空的效果才能达到最佳。最后将窗体的 FormBorderStyle 属性设置为 None 即可，如图 4-23 所示。

图 4-23　设置 FormBorderStyle 属性

### 2．鼠标拖动窗体

经过前面的学习，我们已成功制作了不规则窗体，但是该窗体无法移动。在 Windows 中，移动窗体一般通过鼠标拖曳窗体的标题栏部分来实现，但是不规则窗体没有标题栏，这时只能采用第二种方式，即通过鼠标拖曳窗体来实现移动。这种方式实现起来有些复杂，因为要运用一些几何知识。

大家知道，在一个平面中确定一个点的位置通常需要有一个坐标系，找到坐标原点并设置 $X$ 轴和 $Y$ 轴，即可通过 P(10,20)方式来说明一个点的位置。当这个点发生移动的时候，需要知道它在 $X$ 轴方向和 $Y$ 轴方向上的移动量，然后通过简单的运算得到这个点的新位置。例如，P 点在 $X$ 轴方向上移动了 10 个单位，在 $Y$ 轴方向上移动了-5 个单位，那么点 P 的新位置是 P(10+10,20-5) = P(30,15)。在这个运算过程中需要知道三个信息：P 的原坐标，$X$ 轴方向的移动量和 $Y$ 轴方向的移动量。

在 Windows 中，屏幕的左顶点就是坐标的原点，而窗体的位置是由其左顶点的坐标来决定的，这个坐标可以通过窗体的 Location 属性得到。

```
Point p = this.Location;
```

同样，通过修改这个属性可以改变窗体在屏幕上的位置。

```
this.Location = new Point( p.X + 100, p.Y - 200);
```

也就是说，通过鼠标拖曳窗体的第一个重要信息已经得到了。如何确定窗体的移动量呢？这时需要一个重要帮手——鼠标。事实上在鼠标拖曳窗体的过程中，窗体的移动量和鼠标的移动量是相等的，所以只要计算出鼠标的移动量即可得到窗体的移动量。

如何计算鼠标的移动量呢？我们通过前面的学习可知，将 P 点前后两个坐标进行简单的减法运算即可得到 P 的移动量，所以将鼠标移动前后的坐标相减即可得到鼠标的移动量，也就是窗体的移动量。通过系统提供的 MousePosition 可以完成这个工作。

下面要整理用户的操作过程了，其过程如下：当用户在窗体中的任意位置按下鼠标左键时，将窗体的当前位置和鼠标的当前位置记录下来。

```
formOld = this.Location;
mouseOld = MousePosition;
```

当用户移动鼠标时，通过鼠标的移动量来重新计算窗体的位置，这样窗体可以随着鼠标一起移动。

```
Point mouseNew = MousePosition;

int moveX = mouseNew.X - mouseOld.X;
int moveY = mouseNew.Y - mouseOld.Y;

this.Location = new Point(formOld.X + moveX, formOld.Y + moveY);
```

有两点需要注意，首先鼠标的原坐标和窗体的原坐标都需要声明成全局变量，因为在整个窗体的其他事件中会用到这两个变量。

```
public partial class Form1 : Form
{
    private Point mouseOld;
    private Point formOld;
        …
}
```

这两个变量都是 Point 类型的，这是 C#中的一个结构体，可用来描述"点"对象。

然后用到的两个窗体事件分别是 MouseDown 和 MouseMove。MouseDown 是当鼠标按键按下时触发的。制作事件处理程序的过程非常简单，首先选中界面中需要操作的控件，然后在属性窗口中单击闪电图标 ，即可看到该控件的事件列表，如图 4-24 所示。

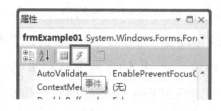

图 4-24　打开事件列表

在事件列表中选中相应的事件后，双击即可打开事件处理的代码。

```
private void Form1_MouseDown(object sender, MouseEventArgs e)
{
    //取得窗体和鼠标的原坐标
}
```

在这个事件处理程序中，方法的名称及其参数是系统自动生成的，不需要修改，因此事件处理程序只需要关心方法内的代码。

MouseMove 是当鼠标在窗体上移动时触发的，在这个事件中要对鼠标的按键做出判断，只有鼠标按下的是左键时才会做处理。

```
private void Form1_MouseMove(object sender, MouseEventArgs e)
{
    if (e.Button == System.Windows.Forms.MouseButtons.Left)
    {
        //处理窗体移动
    }
}
```

这里用到了事件参数 e。事实上所有的系统事件上都会带有两个参数，object 类型的参数 sender 是事件引发者的引用，如这里的窗体对象；参数 e 就是事件本身的引用，一般情况下系统会通过 e 来传递一些系统信息，如这里可以通过 e 得到鼠标的按键信息。

### 3．随机产生数字

摇奖机需要使用随机数来生成中奖号码，随机数依然采用 Random 对象来实现。在摇奖机中，需要将随机数的范围设置为 0~9，并且在 Timer 控件的 Tick 事件中完成随机数字的生成，然后将结果放置在标签控件的 Text 属性上。

```
private void timer1_Tick(object sender, EventArgs e)
{
    lblNum1.Text = r.Next(0, 10).ToString();
    lblNum2.Text = r.Next(0, 10).ToString();
    lblNum3.Text = r.Next(0, 10).ToString();
    lblNum4.Text = r.Next(0, 10).ToString();
    lblNum5.Text = r.Next(0, 10).ToString();
    lblNum6.Text = r.Next(0, 10).ToString();
}
```

在这段代码中使用全局随机类的对象 r 来生成随机数，因为标签的 Text 属性是 string 类型的，而 r.Next()方法生成的是 int 类型的，因此这里用 ToString()方法将其转换成 string 类型。

### 4．开始和结束

在用户提供的摇奖机的界面上，没有发现开始和结束的按钮，如果再添加两个按钮，则会破坏界面效果，因此可用两个 PictureBox 控件，将界面上的两个●图形设置成控制按钮，如图 4-25 所示。

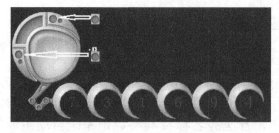

图 4-25　开始按钮和结束按钮

两个 PictureBox 控件使用同样的图片，SizeMode 全部设置为 AutoSize，然后在 Click 事件中完成对 Timer 控件的开关操作。

```
//打开时钟
private void picStart_Click(object sender, EventArgs e)
{
    timer1.Enabled = true;
}

//关闭时钟
private void picStop_Click(object sender, EventArgs e)
{
    timer1.Enabled = false;
}
```

### 4.5.3　实现摇奖机

在完成了前面的需求分析后，现在可以制作摇奖机了。

```
public partial class frmExample01 : Form
{
    private Point mouseOld;      //鼠标旧坐标
    private Point formOld;       //窗体旧坐标
    private Random r;            //随机数对象

    public frmExample01()
    {
        InitializeComponent();
    }

    // 窗体加载：完成随机数对象的实例化
    private void frmExample01_Load(object sender, EventArgs e)
    {
        r = new Random();
    }

    // 鼠标按下事件：记录鼠标和窗体的旧坐标
    private void Form1_MouseDown(object sender, MouseEventArgs e)
    {
        formOld = this.Location;
        mouseOld = MousePosition;
    }

    // 鼠标移动事件：计算窗体的新坐标
```

```csharp
private void Form1_MouseMove(object sender, MouseEventArgs e)
{
    if (e.Button == MouseButtons.Left)
    {
        Point mouseNew = MousePosition;

        int moveX = mouseNew.X - mouseOld.X;
        int moveY = mouseNew.Y - mouseOld.Y;

        this.Location = new Point(formOld.X + moveX, formOld.Y + moveY);
    }
}

// 时钟：生成随机数并显示
private void timer1_Tick(object sender, EventArgs e)
{
    lblNum1.Text = r.Next(0, 10).ToString();
    lblNum2.Text = r.Next(0, 10).ToString();
    lblNum3.Text = r.Next(0, 10).ToString();
    lblNum4.Text = r.Next(0, 10).ToString();
    lblNum5.Text = r.Next(0, 10).ToString();
    lblNum6.Text = r.Next(0, 10).ToString();
}

//打开时钟
private void picStart_Click(object sender, EventArgs e)
{
    timer1.Enabled = true;
}

//关闭时钟
private void picStop_Click(object sender, EventArgs e)
{
    timer1.Enabled = false;
}
}
```

在上面的代码中，首先声明了三个全局变量，即两个坐标对象和一个随机数对象。在窗体的 Load 事件中对随机数对象进行实例化，在 MouseDown 事件中记录窗体和鼠标的旧坐标。然后在 MouseMove 事件中取得鼠标的新坐标，并通过和旧坐标的比较得到鼠标的移动量，即窗体的移动量，通过赋值将窗体移动到新的位置。在时钟的 Tick 事件中生成随机数并显示在标签中。最后，通过两个 PicturecBox 控件的 Click 事件完成对时钟的打开或关闭操作。

本章学习了 WinForm 应用程序的一些基础知识，以及 Windows 应用程序基础组成部分——窗体。通过对窗体相关属性、方法和事件的学习，能够简单地设置和操作窗体了。Windows 应用程序的另一个组成部分是控件，这里学习了三个简单的控件：Label、PictureBox 和 Timer。并通过一个摇奖机程序将这些内容组合起来。这里只是个开始，以后将通过不同的小程序来演示 WinForm 中的各种控件。

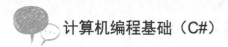

# 上机操作 4

总目标：

① 掌握 Windows 应用程序的制作。

② 掌握事件驱动编程模式。

③ 掌握不规则窗体的制作。

**上机阶段一（20 分钟内完成）**

上机目的：掌握 Windows 应用程序的制作。

上机要求：第 1 章中做了一个控制台的简单计算器，将其升级制作成 Windows 版本的计算器，其运行界面如图 4-26 所示。

图 4-26　计算器运行界面

整个计算器有如下要求。

① 窗体运行时处于屏幕中央。

② 窗体无法最大化和最小化。

③ 窗体无法改变大小。

④ 显示数字的文本框要右对齐。

⑤ 数字和按钮的字体统一采用宋体、四号字。

**实现步骤**

**步骤 1**：打开 VS 2010，创建 WinForm 项目 LabCH05。

**步骤 2**：将默认窗体 Form1 重命名为 frmCalculator，并设置其 StartPosition 属性为 Centre Screen；MaximizeBox 和 MinimizeBox 的属性为 False，用来取消窗体最大化和最小化按钮；FormBorderStyle 属性为 FixedSingle；Text 属性为计算器。

**步骤 3**：在窗体上添加一个 TextBox 控件，设置其 Dock 属性为 Top，用来指示控件的停靠位置；Name 属性为 txtResult；TextAlign 属性为 Right，用来设定文本的对齐方向；Font 属性为合适的值。

**步骤 4**：在窗体上添加 16 个 Button 控件，按要求设置 Size、Name、Font 和 Text 的属性。

**步骤 5**：按要求完成功能。

**步骤 6**：运行并查看效果。

**上机阶段二（25 分钟内完成）**

上机目的：掌握事件驱动编程模式。

上机要求：制作一个 Windows 版本的猜数字小游戏，运行效果如图 4-27 所示。

图 4-27　猜数字游戏

具体要求如下。

① 窗体启动时要求在屏幕中央。

② 窗体无法最大化和最小化。

③ 窗体无法改变大小。

④ 窗体背景色默认为银色，如果用户输入的数字大了，则窗体背景色为红色，并显示"高了!"，反之窗体背景色为蓝色，并显示"低了!"。

⑤ 如果用户猜中了，则窗体为绿色，显示"恭喜你!"并同时禁用输入框。

⑥ 提供"重置"按钮以便开始下一次游戏，并重置窗体颜色为银色。

⑦ 记录并显示用户猜测的次数。

**实现步骤**

**步骤 1**：在项目 LabExample 中添加新窗体，命名为 frmGuest。

**步骤 2**：按要求修改窗体 StartPosition、MaximizeBox、MinimizeBox、FormBorderStyle 和 Text 等属性的值。

**步骤 3**：按要求在窗体上添加相应的控件，设置其相关属性的值，并调整大小和位置。

**步骤 4**：在"猜一猜"按钮的 Click 事件中完成相关功能。

**步骤 5**：在"新游戏"按钮的 Click 事件中完成相关功能。

**步骤 6**：运行并查看效果。

# 课后实践 4

## 1. 选择题

（1）下列关于窗体属性描述错误的是（　　　）（选 1 项）。

　　A. BackgroundImage 用来设置窗体的背景图片

　　B. Name 用来设定窗体的标题

　　C. Text 用来设定窗体的标题

　　D. StartPosition 用来设定窗体的起始位置

（2）下列关于窗体方法描述错误的是（　　）（选 1 项）。

    A．Close 用来关闭窗体

    B．Dispose 用来隐藏窗体

    C．Show 用来打开窗体

    D．ShowDialog 用来以模式窗口的方式打开窗体

（3）下列关于窗体事件描述错误的是（　　）（选 2 项）。

    A．Closed 窗体关闭前触发的事件

    B．Closing 窗体关闭后触发的事件

    C．Load 窗体加载时触发的事件

    D．Resize 窗体大小发生变化时触发的事件

（4）下列关于 Lable 的 AutoSize 属性描述正确的是（　　）（选 1 项）。

    A．默认情况下，内容将随着控件的大小而改变

    B．默认情况下，控件将随着窗体的大小而改变

    C．默认情况下，控件将随着内容而改变

    D．默认情况下，控件不会改变大小

（5）如果需要图像尺寸按比例缩放，则应当将 PictureBox 控件的 SizeMode 属性设置为（　　）（选 1 项）。

    A．StretchImage

    B．AutoSize

    C．CenterImage

    D．Zoom

## 2．代码题

编写一个小程序，当鼠标在窗体上单击时鼠标能够显示其坐标。

# 第 5 章

# WinForm 基础（二）

## 5.1 概述

我们已经学习了 WinForm 中的窗体对象，并且能够制作一些有趣的小程序。事实上，窗体在 Windows 应用程序中更多的是提供一个载体，真正帮助用户实现功能的是各种控件，下面将继续学习不同的控件，并且制作一些较为复杂的程序。

**本章主要内容：**

① 熟练掌握 WinForm 中的基本控件；
② 熟练掌握菜单的使用；
③ 理解 WinForm 中窗体的互操作；
④ 掌握窗体的互操作。

## 5.2 控件

VS 2010 提供了很多功能强大的控件，在第 4 章中，我们已经学习了其中的几个，下面将根据不同的场合和需求来学习更多的控件。

### 5.2.1 选择控件

在实际开发过程中，选择是经常会碰到的一种操作类型。事实上，在设计程序时一般会优先考虑让用户进行选择操作而不是输入操作，因为选择操作是可以控制的，而输入操作则无法控制，例如，当期望得到用户性别信息时，选择操作往往比输入操作简单得多。

选择操作分为单选和多选，在 WinForm 中分别采用 RadioButton 控件和 CheckBox 控件来实现。这两个控件的属性几乎是一样的，常用的属性如下。

① Checked：控件是否处于选中状态。

② Text：呈现在控件上的文本信息。

RadioButton 控件和 CheckBox 控件的运行效果如图 5-1 所示。

图 5-1　RadioButton 控件和 CheckBox 控件

在有些情况下，也可以通过 Appearance 属性来修改控件的外观，设定属性值为"Button"就会以按钮形式显示，如图 5-2 所示。

图 5-2　按钮状态的 RadioButton 控件和 CheckBox 控件

RadioButton 控件和 CheckBox 控件没有常用的方法，而其常用事件是不一样的。RadioButton 控件的常用事件是 Click，即控件被单击时触发的事件，而 CheckBox 控件的常用事件是 CheckedChanged，即控件的选中状态发生变化时触发的事件。

需要特别说明的是，窗体上的 CheckBox 控件是可以同时存在多组的，而 RadioButton 控件在同一个容器中只能存在一组，即如果不借助于其他控件，窗体上只能有一组 RadioButton 控件。

如果需要在窗体上放置多组 RadioButton 控件，则需要借助于容器控件，常用的容器控件有 GroupBox 和 Panel，在使用时需要先把容器控件放置在窗体上，再将 RadioButton 控件放置在容器空间中即可，如图 5-3 所示。

图 5-3　使用多组 RadioButton 控件

CheckBox 控件所使用的默认事件是 CheckedChanged，即选中状态发生变化时触发的事件，当需要根据用户选择来完成不同操作时可以使用该事件，一般来说，在使用时要对控件的 Checked 属性进行判断。

RadioButton 控件则有所不同，虽然其默认事件也是 CheckedChanged，但是在开发过程中 Click 事件使用较多，这是因为对于 CheckBox 控件来说，单击可能会有几种不同的状态，而 RadioButton 控件只要是单击，就一定会是选中状态，这样就省去了状态判断的过程。

## 5.2.2　列表控件

列表控件是提供给用户选择的控件，只是更加"节省"空间。常用的列表控件有 ComboBox 和 ListBox，前者提供单选，后者提供多选。对于这两个控件主要需关注三个方面：设定选中项、获取选中项、删除选中项。

### 1. 设定选中项

图 5-4　字符串集合编辑器对话框

ComboBox 控件和 ListBox 控件都具有 Items 属性，它们的选中项就存放在这个属性中，设定的方式有两种：通过编辑器编辑和通过代码设定。

当通过编辑器编辑选中项时，首先需要找到 Items 属性，单击右侧的 [...] 按钮，打开字符串集合编辑器对话框，在对话框中输入要提供的选项即可，如图 5-4 所示。

通过这种方式设定的选项是很难根据实际情况发生变化的，如果需要动态地设置选项内容，则需要通过代码来完成。

```
private void frmExample_Load(object sender, EventArgs e)
{
    comboBox1.Items.Add("开发部");
    comboBox1.Items.Add("销售部");
    comboBox1.Items.Add("后勤部");
    comboBox1.Items.Add("售后服务部");
    comboBox1.Items.Add("总经办");
}
```

在这段代码中，通过调用 ComboBox 控件 Items 属性的 Add() 方法来完成动态添加选中项的任务，在使用 Add() 方法时，可以将需要添加的选中项作为一个字符串参数传递给该方法，其运行效果如图 5-5 所示。

如果要设定 ListBox 控件，则只需要将上述代码中的 comboBox1 替换成 ListBox 控件的名称。但是两个控件还是有一些明显差别的。

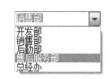

图 5-5　ComboBox 控件的运行效果

对于 ComboBox 控件来说，其最重要的是 DropDownStyle 属性，事实上，这个控件可以看成是由 TextBox 和 ListBox 两个控件组成的，因此它可能表现出多种不同的样式，而这个属性就是用来设定其样式的，其有三个取值。

① Simple：控件表现为文本框样式，可以输入或通过键盘的上下键选择选项。

② DropDown：默认样式，控件表现为带下拉键的样式，可以输入或通过鼠标选择选项。

③ DropDownList：控件表现为带下拉键的样式，但只能通过鼠标选择选项。

这三种样式的运行结果如图 5-6 所示。

图 5-6　ComboBox 控件三种样式的运行结果

对于 ListBox 控件来说，SelectionMode 属性可用来设定 ListBox 控件的选择模式，其四个取值如下。

① None：控件无法选择任何内容。

② One：默认值，控件只能选中一个选项。

③ MultiSimple：控件可以选中多个选项。操作方式为单击后选中，再次单击后取消选中状态。

④ MultiExtended：控件可以选中多个选项。操作方式为用鼠标拖曳选择，单击控件任意位置即可取消选中状态。

ListBox 控件选择模式的运行效果如图 5-7 所示。

图 5-7　ListBox 控件选择模式的运行效果

## 2. 获取选中项

ComboBox 控件是单项选择的控件，其取值方式比较简单，可直接通过 Text 属性取得用户所选中项的值。

```
string str = comboBox1.Text;
```

由于 ListBox 控件是可以多选的，所以必须通过循环方式来取得用户所有的选中项，并将结果进行组合才能最终完成。

```
string str = "";

for (int i = 0; i < listBox4.SelectedItems.Count; i++)
{
    str += listBox4.SelectedItems[i].ToString() + ";";
}
```

在这段代码中通过一个循环结构来读取用户的选中信息，对于 ListBox 控件来说，用户的选中项被放在了 SelectedItems 属性中进行，因此需要使用循环结构。

## 3. 删除选中项

列表控件的选择项同样可以进行动态删除，使用 Items 属性的两个方法，即

① Remove：删除 Items 中指定的选中项。

② RemoveAt：删除 Items 中指定下标的选中项。

对于 ComboBox 控件来说，使用哪个方法作用都一样，但是对于 ListBox 控件来说，使用

RemoveAt()方法要多一些。

```
for (int i = listBox1.SelectedIndices.Count-1; i > -1; i--)
{
    listBox1.Items.RemoveAt(listBox1.SelectedIndices[i]);
}
```

仔细观察这段代码会发现有两个地方比较引人注意。首先，使用了一个新的属性 SelectedIndices，它包含了 ListBox 控件中所有选中项的下标；其次，在执行删除操作时一定要从后向前删除，如果从前向后删除，则每删除一个项，其他项的下标就会发生变化。也可以使用 Items 属性的 Clear()方法来清除所有选中项。

ComboBox 控件的默认事件是 SelectedIndexChanged，即选中项下标发生变化时触发的事件，如果需要根据用户的选择来完成不同的操作，则可以使用该事件。ListBox 控件虽然也有很多事件，但是在实际开发过程中很少用到，因为用户每次操作都会触发事件处理程序，对执行效率产生影响，所以要在用户选择完成后再处理。

## 5.3　电影信息管理窗体

控件的学习是一个枯燥的过程，最好的办法是和具体需求结合在一起。

### 5.3.1　问题

再次查看音像店管理程序，此次要制作一个管理电影对象的窗体，尽管因为没有数据库的支持还不能实现具体的功能，但是可以学习相关控件的具体使用，如图 5-8 所示。

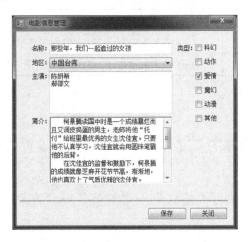

图 5-8　电影信息管理窗体

这只是一个简单的窗体，并不能完成具体的功能，其需求如下。

① 窗体不能最大化和最小化。

② 窗体不能改变大小。

③ 首次运行时窗体处于屏幕中央。

④ "地区"下拉列表中只能选择不能输入。

⑤ "主演"为多行文本框。

⑥ "简介"为 RichTextBox。

## 5.3.2 需求分析

### 1．控件设置

因为涉及的控件比较多，下面通过表 5-1 加以说明。

表 5-1　控件说明

| 界 面 元 素 | 类　　型 | 属 性 设 置 |
| --- | --- | --- |
| 窗体 | Form | Name 值为 frmFilmManage，Text 值为电影信息管理，MaximizeBox 值为 False，MinimizeBox 值为 False，FormBorderStyle 值为 FixedSingle，StartPosition 值为 CenterScreen |
| 名称： | Label | Name 值为 lblName，Text 值为名称： |
| 地区： | Label | Name 值为 lblArea，Text 值为地区： |
| 主演： | Label | Name 值为 lblActor，Text 值为主演： |
| 简介： | Label | Name 值为 lblDesc，Text 值为简介： |
| 类型： | Label | Name 值为 lblType，Text 值为类型： |
| 名称输入框 | TextBox | Name 值为 txtName |
| 地区下拉列表 | ComboBox | Name 值为 cboArea，DropDownStyle 值为 DropDownList，Items 值为内地、中国台湾、中国香港、日韩、欧美、其他 |
| 主演输入框 | TextBox | Name 值为 txtActor，MultiLine 值为 True |
| 简介输入框 | RichTextBox | Name 值为 txtDeac |
| 类型选择 | CheckBox | Name 值为 chkType+数字编号 |
| 保存 | Button | Name 值为 btnSave，Text 值为保存 |
| 关闭 | Button | Name 值为 btnClose，Text 值为关闭 |

### 2．界面操作

在进行界面设计时，最烦琐的莫过于控件对齐和间距设置的问题。在 VS 2010 中，可以通过格式菜单中的操作来制作界面。

选中界面中的多个元素，执行"格式"→"对齐"→"左对齐"来调整多个元素，如图 5-9 所示。

图 5-9　设置控件的对齐方式

调整前后的效果对比如图 5-10 所示。

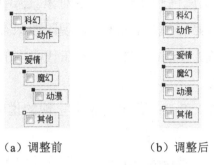

　　（a）调整前　　　　（b）调整后

图 5-10　调整前后的效果对比

除左对齐外，还可以选择右对齐或中间对齐。如果控件是横向的，则可以选择顶端对齐或底端对齐等。另外，如果希望控件的间距相等，则可以通过菜单中的"水平间距"或"垂直间距"选项来调整。

如果是单个控件，系统有另一种更加便捷的方式来调整控件。选中一个控件，把它拖曳到希望对齐的另一个控件旁边，系统会自动出现对齐线，如图 5-11 所示。

图 5-11　对齐线

熟练掌握这些界面设置技巧，会使界面制作速度更快，效果更专业。

# 5.4　菜单

菜单是 Windows 应用程序的一个重要特征。它一般出现在界面的顶端，其作用是在很小的空间里将系统的功能分门别类后，呈现在用户的面前。在 WinForm 中，菜单分为两种：主菜单和上下文菜单。

## 5.4.1　主菜单

主菜单放置在窗体的顶部，提供整个系统的完整功能展示。制作菜单很简单，在工具箱的"菜单和工具栏"选项卡中找到"MenuStrip"选项，图标是 ![MenuStrip]，将其拖曳到窗体上。这时在窗体的底部会有一个单独的区域用来存放 MenuStrip 对象，其实这个区域在前面使用 Timer 对象时曾经出现过，它主要用来存放运行时不需要显示的控件，如 Timer、MenuStrip 等。同时，在窗体的顶部会出现一个菜单编辑器。在 WinForm 中，菜单的编辑制作是一个所见即所得的过程，即编辑的菜单是什么样的，运行的效果就是什么样的，如图 5-12 所示。

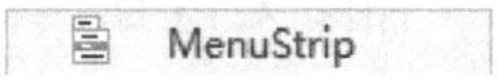

图 5-12　菜单编辑器

WinForm 中所有菜单都是 ToolStripMenuItem 对象，它的使用方法和普通控件是一样的，下面从属性开始认识菜单对象。选中一个菜单对象后，可以在属性窗口中看到其常用的属性，现阶段只需要了解其中的几个即可。

① Name：菜单对象在代码中的唯一名称，一般采用 mnu 作为前缀。

② Text：菜单对象上呈现的说明性文字，当文本为"-"符号时将呈现一条分割线。

图 5-13  ShortcutKeys 设置

③ ShortcutKeys：与菜单项相关联的快捷键设置，其下拉列表中可以打开如图 5-13 所示的操作界面，在这里可以选择组合的快捷键。

在使用主菜单时需要注意以下三点。

① 快捷键应尽可能按照日常习惯来设置，并且不要和系统的常用快捷键冲突。

② 菜单最好不要超过三层，否则使用起来会很麻烦。

③ 尽量合理地规划和组织菜单，这会给用户带来很大的便利。

菜单对象没有常用的方法，其常用的事件是 Click，即菜单被单击时触发的事件。

## 5.4.2  上下文菜单

除了主菜单，在 WinForm 中还有一种称为上下文菜单的对象，即 ContextMenuStrip。这种菜单对象主要用来实现右键弹出式菜单。一般情况下，Windows 应用程序中的某些界面对象系统会自动添加右键弹出式菜单，但是如果需要自己定制此菜单，则要借助于 ContextMenuStrip 对象。

制作上下文菜单的过程很简单。首先在工具箱中找到上下文菜单 ▣ ContextMenuStrip，双击或将其拖曳到窗体上，此时可在窗体上添加一个名称为 contextMenuStrip1 的对象，因为它也是由 ToolStripMenuItem 对象组成的，所以其制作过程和制作主菜单的过程是一样的。

当设置好 ContextMenuStrip 后，即可使用它。在窗体上放置一个控件，如放置一个 TextBox 控件，然后查找其 ContextMenuStrip 属性，在其下拉列表中可以看到刚才添加的 contextMenuStrip1 对象，如图 5-14 所示。

图 5-14  TextBox 控件的 ContextMenuStrip 属性

这样即可将两个控件连接在一起。运行程序可以看到制作的菜单已替换了系统原来的菜单，如图 5-15 所示。

（a）系统菜单　　　　　　（b）自定义菜单

图 5-15　上下文菜单

# 5.5　窗体互操作

一个完整的应用程序不可能只有一个窗体，它是由多个不同的窗体组合而成的，每个窗体负责一个简单的小模块，最终组合成一个完整的应用程序。既然是多个窗体，那么就会有窗体之间的互操作，常见的互操作有跳转、传参和返回。

## 5.5.1　跳转

窗体间的跳转指通过在一个窗体上执行一些操作，来打开其他窗体。这个过程其实不难，只需要两步：new 和 show。

new 指通过 new 关键字创建新窗体的一个对象。

```
frmFilmManage fm = new frmFilmManage();
```

show 指通过调用新窗体对象 show()方法以打开新窗体，运行效果如图 5-16 所示。

```
fm.Show();
```

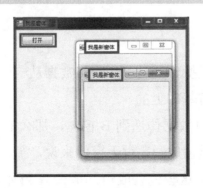

图 5-16　窗体的跳转运行效果

通过这种方式打开的窗体被称为非模式窗体，也就是说，用户可以完全不理会这个新窗体，它不会影响用户的操作。如果需要用户必须对新窗体做出响应，则可以采用 ShowDialog()方法。

```
fm. ShowDialog ();
```

采用这种方式打开的窗体称为模式窗体。模式窗体要求用户必须做出响应，在这个窗体未关闭之前用户是无法操作其他窗体的。

当通过一个按钮来打开新窗体时，会发现反复单击按钮可以打开很多个窗体，即同时创建多个新窗体对象，这不但使程序无用，也会使用户困惑，如何避免这种情况呢？

此过程较为复杂，必须先将刚才的对象声明语句从按钮的 Click 事件处理程序中取出来，放置到类中使对象窗体成为一个类成员变量。

```
public partial class frmFilmList : Form
{
    frmFilmManage fm = null;

    //其他代码
}
```

对按钮的 Click 事件处理程序修改如下。

```
private void btnEdit_Click(object sender, EventArgs e)
{

    if ((fm == null) || (fm.IsDisposed))
    {
        fm = new frmFilmManage();
        fm.Show();
    }
    else
        fm.Show();
}
```

在上面的代码中，增加了一个 if 结构，通过对两个条件的判断来决定是否需要对窗体对象进行实例化操作。事实上，只有在两种情况下窗体才需要进行实例化，即第一次打开和关闭后再次打开，除此之外不需要进行实例化操作。因此，在这个 if 结构中添加了两个条件，第一个条件 fm == null 用于判断窗体是否为第一次打开，第二个条件 fm.IsDisposed 用来判断窗体是否已被关闭。IsDisposed 是窗体的一个属性，用来标识窗体对象是否已被释放，即窗体是否已关闭。经过这样的改变后，不管单击多少次按钮，窗体则只能被打开一次。

## 5.5.2 传参

窗体间另一个比较常见的互操作是传参，即将数据从一个窗体传递到另一个窗体。一般来说，传参的操作都是建立在跳转基础上的。

理论上说，要想从 A 窗体将数据传递到 B 窗体，那么 B 窗体必须有公开的数据接口，即要有外部用户能够访问到的可赋值成员。对于窗体来说，窗体类需要定义一些公有成员以便外部用户访问。一旦 B 窗体定义了这些公有成员，那么 A 窗体就可以通过 B 窗体的对象来完成赋值操作，即完成数据的传递工作。

实际操作应该如何完成呢？通过上面的分析可以看到，问题的焦点在于 B 窗体类定义的公有成员上。类的公有成员有很多，常用的有属性、方法和构造。当然，不管采用哪种方式，都需要 B 窗体有一个字段来存放数据。

首先，在 B 窗体中定义一个私有的字段用来存放数据。

```
public partial class frmFilmManage : Form
{
    //用户存放数据的私有字段
    private string filmName = null;

    //其他处理代码
}
```

其次，将这个字段公开，即可用来接收数据，可以采用属性、方法和构造来公开。

采用属性公开。

```
public string FilmName
{
    get { return this.filmName; }
    set { filmName = value; }
}
```

采用方法公开。

```
public void SetFilmName(string name)
{
    filmName = name;
}
```

采用构造公开。

```
public frmFilmManage(string name)
{
    InitializeComponent();
    filmName = name;
}
```

这里需要注意的是，在使用构造时最好将给字段赋值的语句写在 InitializeComponent()方法的后面，因为这个方法是用来初始化窗体成员对象的，如果写在此方法的前面，则会出现找不到对象的情况。

完成这些工作之后，就可以通过 A 窗体来完成传参工作了。

```
//构造传参
frmFilmManage fm = new frmFilmManage("那些年，我们一起追过的女孩");

//属性传参
fm.FilmName = "那些年，我们一起追过的女孩";

//方法传参
fm.SetFilmName("那些年，我们一起追过的女孩");

fm.Show();
```

这里将三种实现方式放在了一起，究竟采用哪种方式要根据实际情况来确定。

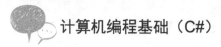

### 5.5.3 返回

传参是将数据从 A 窗体传递到 B 窗体，返回则是将数据从 B 窗体传递回 A 窗体。这个过程实际上和传参相似，实现思路基本上是一样的。这里依然需要在 B 窗体中定义一个字段，只是为这个字段赋值的工作需要在 B 窗体中完成，然后通过公有成员公开字段的值，这样 A 窗体就可读取到字段的值。

首先，在 B 窗体中定义一个字段。

```
public partial class frmFilmManage : Form
{
    //用户存放数据的私有字段
    private string filmName = null;

    //其他处理代码
}
```

其次，在程序中为该字段赋值。

```
private void btnSave_Click(object sender, EventArgs e)
{
    filmName = "那些年，我们一起追过的女孩";
}
```

再次，采用属性或方法将字段公开。

```
//属性
public string FilmName
{
    get { return this.filmName; }
    set { filmName = value; }
}

//方法
public string GetFilmName()
{
    return filmName;
}
```

最后，在 A 窗体中完成取值操作。

```
frmFilmManage fm = new frmFilmManage();
fm.ShowDialog();

//方法返回
txtName.Text = fm.GetFilmName();

//属性返回
txtName.Text = fm.FilmName;
```

在上面的代码中，比较突出的是在打开窗体时采用了 ShowDialog()方法，这是为什么呢？大家知道 ShowDialog()方法打开的是一个模式窗体，即用户必须做出响应的窗体，所以当程序执行到这里时会"停"下来，等待用户的响应，也就是说，此时如果用户不做出响应，那么后面的代码是不会执行的。这样，用户就有时间为字段赋值，后面的取值操作才能够成立。如果采用 Show()方法，则程序不会"停"下来，用户还没来得及为字段赋值，后面的取值操作就执行了，自然不可能取到值了。

# 5.6 用户自定义选项

通过前面的学习，我们已经掌握了窗体之间的互操作，但是过程是分解开的，下面要通过一个简单的小程序来将整个过程整合起来。

## 5.6.1 问题

为了推广音像店的业务，需要制作一套会员系统。在会员注册的过程中，需要会员选择自己的兴趣爱好，但很难将所有的爱好都列出来，所以需要将这个部分设计成动态的，即系统提供一些常见的信息，用户可以选择也可以根据自己的需要自定义选项内容，其运行效果如图 5-17 所示。

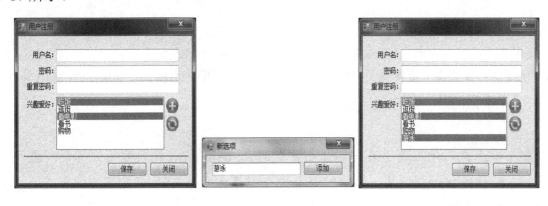

（a）添加前　　　　　　（b）添加选项　　　　　　（c）添加后

图 5-17　用户自定义选项

具体需求如下。

① 两个窗体都不能更改大小，并且不能最大化和最小化。

② 单击用户注册窗体的 ⊕ 按钮可打开"新选项"窗体。

③ 在"新选项"窗体中输入新的选项内容，添加后关闭该窗体。

④ 单击用户注册窗体的 ⊙ 按钮可重置选项内容。

## 5.6.2 需求分析

因为这个问题主要集中在 ListBox 控件和窗体互操作上，所以可暂时忽略其他控件的设置和使用。ListBox 控件的设置是非常简单的，首先它应该包含吃饭、逛街、看电影、看书和购物等选择项，其次 SelectionMode 应该设置为 MultiSimple。

在单击 ⊕ 按钮时，完成窗体的跳转和返回选项的添加工作。

```
private void picAdd_Click(object sender, EventArgs e)
{
    frmAddItem ai = new frmAddItem();
    ai.ShowDialog();
    lstBohhy.Items.Add(ai.NewItem);

}
```

这里采用了 NewItem 属性来实现值的传递。

对于"新选项"窗体，首先应该声明一个属性，用来将文本框的值回传。

```
public string NewItem
{
    get { return txtItem.Text; }
    set { txtItem.Text = value; }
}
```

在对这个属性进行定义时，没有定义全局变量，而是直接将文本框的 Text 属性值当成了操作对象。

当用户单击"添加"按钮时要关闭"新选项"窗体。

```
private void btnAdd_Click(object sender, EventArgs e)
{
    this.Close();
}
```

这个过程并不复杂，直接调用窗体的 Close()方法即可关闭窗体。this 关键字用来代表当前对象，在程序中指的是"新选项"窗体。

本章主要由三部分组成。第一部分主要介绍了 WinForm 中常用的三种类型控件，即输入控件、选择控件和列表控件；第二部分主要介绍了主菜单和上下文菜单；第三部分主要学习了窗体间的互操作。

本章的内容虽然比较多，但是整体难度不大，需要重点掌握的是列表控件，以及窗体间的互操作，这些都是后续学习内容的基础。

# 上机操作 5

**总目标：**

① 掌握基本控件的使用。

② 掌握菜单的使用。

③ 掌握窗体间的互操作。

**上机阶段一（50 分钟内完成）**

上机目的：掌握基本控件的使用、菜单的使用、窗体间的互操作。

上机要求：某餐厅随着业务的扩展，需要制作一套点餐系统，通过此系统，顾客可以自主选择各种主餐、酒水、甜品等。现在需要制作一个简单的测试程序，整个程序的运行效果如图 5-18 所示。

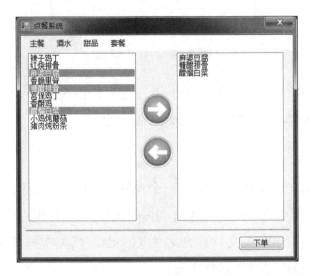

图 5-18   点餐系统

具体要求如下。

① 窗体无法最大化和最小化，也无法改变大小

② 菜单的结构如表 5-2 所示，每个菜单项下面的具体菜式可以自由决定。

表 5-2   菜单结构

| 主 菜 单 | 子 菜 单 | 说　明 |
| --- | --- | --- |
| 主餐 | 中餐 | 中餐菜式 |
| | 西餐 | 西餐菜式 |
| 酒水 | 红酒 | 各种红酒 |
| | 饮料 | 各种饮料 |
| | 汤 | 汤品 |
| 甜品 | 冰淇淋 | 各式冰淇淋 |
| | 点心 | 点心 |
| | 小食 | 各种小食 |
| 套餐 | 商务套餐 | 商务套餐 |
| | 情侣套餐 | 情侣套餐 |

③ 在左侧的 ListBox 控件中选择需要的菜式，单击 按钮后将其添加到右侧的 ListBox 控件中。

④ 在右侧的 ListBox 控件中选择菜式，单击 按钮后将其从右侧 ListBox 控件中删除。

⑤ 单击"下单"按钮后打开如图 5-19 所示窗体，显示订单信息。

图 5-19　订单信息

⑥ "订单信息"窗体无法最大化和最小化，也无法改变大小，单击"确定"按钮后关闭该窗体，并将点餐系统窗体中右侧的 ListBox 控件清空。

**实现步骤**

**步骤 1**：打开 VS 2010 开发环境，创建一个 Windows 应用程序，项目名称为 LabCH06。

**步骤 2**：将默认窗体重命名为 frmOrder，并按照图 5-18 制作点餐系统。

**步骤 3**：在项目中添加一个类文件，命名为 Goods，在类中添加 string 类型的属性 Title、Desc 和 Type，以及 Decimal 类型的属性 Price。

**步骤 4**：在点餐系统的窗体加载事件中创建 Goods 数组，并添加所有菜式。

**步骤 5**：按要求实现◎、◎和"下单"按钮的功能。

**步骤 7**：添加一个新窗体，命名为 frmOrderInfo，按照图 5-19 制作订单信息窗体。

**步骤 8**：按要求实现窗体功能。

**步骤 9**：运行并查看效果。

**上机阶段二（30 分钟内完成）**

上机目的：掌握基本控件的使用。

上级要求：在第 4 章上机阶段一中，已绘制了计算器的界面，但是没有实现功能，这里来实现其功能。

**实现步骤**

**步骤 1**：在窗体类中声明一个 double 类型的全局变量，用来保存第一个数字；声明 string 类型的变量，用来保存操作符。

**步骤 2**：实现数字键。当文本框内无内容或只有一个 0 时，直接将其 Text 属性赋值为相应的数字，否则将相应的数字添加到 Text 属性的末尾。

**步骤 3**：实现"."键。如果文本框内无内容或只有一个 0，则 Text 属性赋值为"0."；如果文本框内有内容且不包含"."，则将其添加到 Text 属性的末尾；否则不做任何操作。

**步骤 4**：实现操作符键。如果文本框中有内容，则将其取出转换成 double 类型后存放在全局变量中，将操作类型也存放在全局变量中；否则不做任何操作。

**步骤 5**：实现"="键。如果文本框中有内容，则将其取出转换成 double 类型后存放在一个变量中，根据全局操作符变量存放的操作类型完成相关的运算，并将结果放置在其他文本框中；否则不做任何操作。

**步骤 6：**注意除法运算中被除数不能为 0。

**步骤 7：**运行并查看效果。

**上机阶段三（20 分钟内完成）**

上机目的：掌握菜单的使用。

上机要求：某网上书店可以提供图书的部分内容或内容简介供用户下载预览，现在需要制作一个简单的记事本，这里只需要实现界面制作，其运行效果如图 5-20 所示。

具体要求如下。

① 窗体为普通窗体。

② 窗体菜单结构如表 5-3 所示，不需要实现功能。

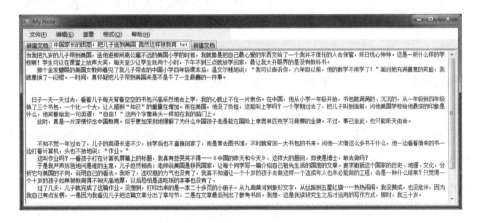

图 5-20　记事本

表 5-3　记事本菜单

| 主 菜 单 | 上下文菜单 | 说　明 |
|---|---|---|
| 文件 | 新建 | 建立新文件 |
| | 打开 | 打开现有的文件 |
| | 保存 | 保存文件 |
| | 另存为 | 将文件另存为其他文件 |
| | 关闭 | 关闭正在查看的文件 |
| | 退出 | 退出系统 |
| 编辑 | 剪切 | 将选中的内容剪切 |
| | 复制 | 将选中的内容复制 |
| | 粘贴 | 将内容粘贴到文件中 |
| | 撤销 | 撤销操作 |
| | 全选 | 选中文件的全部内容 |
| 查看 | ANSI | 以 ANSI 格式查看文件 |
| | UTF-8 | 以 UTF-8 格式查看文件 |
| | Unicode | 以 Unicode 格式查看文件 |
| | Unicode big endian | 以 Unicode big endian 格式查看文件 |
| 格式 | 字体 | 设置文件的字体 |
| | 颜色 | 设置文件的字体颜色 |
| 帮助 | 查看帮助 | 查看帮助文件 |
| | 关于 | 打开"关于"窗体 |

**实现步骤**

**步骤 1：** 在项目中添加新窗体，命名为 frmMyNote。

**步骤 2：** 按要求制作窗体和菜单。

**步骤 3：** 运行并查看效果。

# 课后实践 5

## 1．选择题

（1）如果要实现一个只能输入 8 位的密码框，则需要设置 TextBox 控件的（　　）属性（选 2 项）。

    A．Name　　　　B．Text　　　　　C．MaxLength　　D．PasswordChar

（2）在 WinForm 中能够实现多行文本输入的控件是（　　）（选 2 项）。

    A．TextBox　　B．Label　　　C．RichTextBox　D．Button

（3）某用户需要实现类似于 Word 中的粗体、斜体和下画线工具栏的按钮效果，即单击后按钮处于选中状态，再次单击后取消选中状态，则其可以采用（　　）控件来实现（选 1 项）。

    A．Button　　　B．CheckBoc　　C．RadioButton　D．Label

（4）以下不是 ComboBox 控件的 DropDownStyle 取值的是（　　）（选 1 项）。

    A．Simple　　　B．DropDown　　C．MultiLine　　　D．DropDownList

（5）以下不是 ListBox 控件的 SelectionMode 属性取值的是（　　）（选 1 项）。

    A．MultiExtended　　　　　　B．None

    C．Single　　　　　　　　　　D．MultiSimple

## 2．代码题

写出窗体间跳转、传参和返回的核心代码。

# WinForm 基础（三）

## 6.1 概述

在 WinForm 中还有另外一种类型的控件，它们在运行时都是不可见的，其操作方式也大同小异。它们能够让程序更加人性化，这就是对话框控件。下面将介绍 WinForm 常用对话框的控件。

**本章主要内容：**

① 熟练掌握消息框;

② 熟练掌握对话框;

③ 掌握文件操作;

④ 掌握文件夹操作。

## 6.2 消息框

在 Windows 应用程序中，经常需要和用户进行一些简单的交流，如删除前的确认工作等，这些交流过程所涉及的信息量不大，操作也不复杂。对于这种类型的操作不需要再单独地制作窗体，可以直接使用系统提供的消息框。如图 6-1 所示为一个典型的系统对话框。

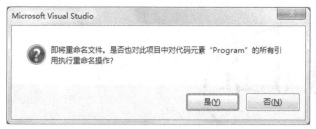

图 6-1　系统对话框

## 6.2.1　语法结构

MessageBox 类是系统定制好的消息框类，它在使用时是不需要实例化的，直接调用 Show()
方法即可，其最常用的语法结构如下。

```
MessageBox.Show(string text[string caption,MessageBoxButtons buttons,
MessageBoxIcon icon]);
```

这个方法带有 4 个参数，其作用如下。

① text：必选参数，string 类型，在消息框上呈现的文本。

② caption：可选参数，string 类型，在消息框的标题栏中显示的文本。

③ buttons：可选参数，MessageBoxButtons 类型，MessageBoxButtons 类的值之一，指定
在消息框中显示哪些按钮。表 6-1 列出了 MessageBoxButtons 类的可取值。

表 6-1　MessageBoxButtons 类的可取值

| 可　取　值 | 说　　　明 |
| --- | --- |
| OK | 消息框包含"确定"按钮 |
| OKCancel | 消息框包含"确定"和"取消"按钮 |
| AbortRetryIgnore | 消息框包含"中止"、"重试"和"忽略"按钮 |
| YesNoCancel | 消息框包含"是"、"否"和"取消"按钮 |
| YesNo | 消息框包含"是"和"否"按钮 |
| RetryCancel | 消息框包含"重试"和"取消"按钮 |
| OK | 消息框包含"确定"按钮 |
| OKCancel | 消息框包含"确定"和"取消"按钮 |

④ icon：可选参数，MessageBoxIcon 类型，MessageBoxIcon 类的值之一，指定在消息框
中显示哪个图标。表 6-2 列出了 MessageBoxIcon 类的可取值。

表 6-2　MessageBoxIcon 类的可取值

| 可　取　值 | 说　　　明 |
| --- | --- |
| None | 消息框未包含符号 |
| Hand | 该消息框包含一个符号，该符号是由一个红色背景的圆圈及其中的白色 X 组成的 |
| Question | 该消息框包含一个符号，该符号是由一个圆圈和其中的一个问号组成的。不建议使用问号消息图标，原因是该图标无法清楚地表示特定类型的消息，并且问号形式的消息述可应用于任何消息类型。此外，用户还可能将问号消息符号与帮助信息混淆。因此，不要在消息框中使用此问号消息符号。系统继续支持此符号只是为了向后兼容 |

续表

| 可 取 值 | 说　明 |
|---|---|
| Exclamation | 该消息框包含一个符号，该符号是由一个黄色背景的三角形及其中的一个感叹号组成的 |
| Asterisk | 该消息框包含一个符号，该符号是由一个圆圈及其中的小写字母 i 组成的 |
| Stop | 该消息框包含一个符号，该符号是由一个红色背景的圆圈及其中的白色 X 组成的 |
| Error | 该消息框包含一个符号，该符号是由一个红色背景的圆圈及其中的白色 X 组成的 |
| Warning | 该消息框包含一个符号，该符号是由一个黄色背景的三角形及其中的一个感叹号组成的 |
| Information | 该消息框包含一个符号，该符号是由一个圆圈及其中的小写字母 i 组成的 |

　　Show()方法的返回值是 DialogResult 类型的，其值是 DialogResult 类的值之一，用来确定用户的选择结果。表 6-3 列出了 DialogResult 的可取值。

表 6-3　DialogResult 的可取值

| 可 取 值 | 说　明 |
|---|---|
| None | 从对话框返回值 Nothing，表明有模式对话框继续运行 |
| OK | 对话框的返回值是 OK（通常从标签为"确定"的按钮发送） |
| Cancel | 对话框的返回值是 Cancel（通常从标签为"取消"的按钮发送） |
| Abort | 对话框的返回值是 Abort（通常从标签为"中止"的按钮发送） |
| Retry | 对话框的返回值是 Retry（通常从标签为"重试"的按钮发送） |
| Ignore | 对话框的返回值是 Ignore（通常从标签为"忽略"的按钮发送） |
| Yes | 对话框的返回值是 Yes（通常从标签为"是"的按钮发送） |
| No | 对话框的返回值是 No（通常从标签为"否"的按钮发送） |

## 6.2.2　使用

　　消息框看起来比较复杂，但使用起来非常简单，甚至可以只给出一个参数即可使用。

```
MessageBox.Show("Hello C#!");
```

　　当然，这样的消息框是很简陋的，内容只是编程时给出的文本，没有标题，没有图标，所以看起来很不专业，只有一个"确定"按钮，如图 6-2 所示。

图 6-2　简单的消息框

　　这样简陋的消息框不管是用户，还是开发人员都不会满意，所以要给出更多的参数以制作出专业的消息框。

```
MessageBox.Show("Hello C#!","系统消息",MessageBoxButtons.OK,
MessageBoxIcon.Information);
```

　　这里给出了 Show()方法完整的 4 个参数，除了第一个参数没有变化，还添加了"系统消息"作为消息框的标题，按钮采用了"OK"，即"确定"按钮，图标采用了"Information"，

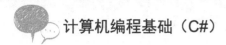

其运行效果如图 6-3 所示。

图 6-3　消息框

这样效果的消息框还是无法实现和用户的交互操作，因此需要对消息框进行改进，此时改进的重点在于 Show()方法的后两个参数。

```
if (MessageBox.Show("删除选中的电影? ", "系统消息", MessageBoxButtons.YesNo,
                    MessageBoxIcon.Question) == DialogResult.Yes)
{
        //执行删除操作
}
```

只是将按钮由原来的"OK"变成了"YesNo"，这样消息框中就会出现两个按钮，图标也从"Information"变成"Question"。既然是两个按钮，就会有两种反馈结果，因此通过一个 if 结构来对消息框的返回进行判断，使用的是 DialogResult，如果其值为"Yes"，则说明用户单击了"是（Y）"按钮，其运行效果如图 6-4 所示。

图 6-4　复杂的消息框

除了这些用法，消息框还有多种不同形式，但是都是通过变换 Show() 方法的 MessageBoxButtons 参数和 MessageBoxIcon 参数来实现的，而用户的反馈全都是通过 DialogResult 的取值来得到的，限于篇幅这里不做过多的演示。

# 6.3　对话框

对话框是 WinForm 中的另一种交互控件,常用的对话框分别是 OpenFileDialog、SaveFileDialog、ColorDialog、FontDialog 和 FolderBrowserDialog。它们具有相似的操作、方法和属性，其作用是通过对话框的方式来实现和用户交互的。

## 6.3.1　OpenFileDialog 控件

OpenFileDialog 控件的作用是提示用户打开文件，其常用的属性如下。

① FileName：获取或设置用户通过文件对话框所选定的文件名的字符串。

② FileNames：获取对话框中所有选定文件的文件名。

③ Filter：获取或设置当前文件名筛选器字符串，其书写格式为筛选器名称|筛选器。

④ Multiselect：指示对话框是否允许选择多个文件。

常用的方法只有 ShowDialog()，即打开对话框的方法，但是在使用时要先设置文件筛选器，即

```
openFileDialog1.Filter = "文本文件(*.txt)|*.txt";
openFileDialog1.ShowDialog();
string file = openFileDialog1.FileName;
```

在上面的代码中，首先设定了文件筛选器只能看到 TXT 类型的文件，然后打开对话框，用户选择文件后将其放入一个 string 类型的变量中，其运行效果如图 6-5 所示。

图 6-5　OpenFileDialog 控件的运行效果

从图中发现，尽管文件夹下有很多文件，但是只有文本文件才能够通过筛选器显示出来，并且默认情况下只能选择一个文件。如果需要选择多个文件，则可以将 Multiselect 属性设置为 True。

如果要筛选多种类型的文件应该怎么办？例如，用一个对话框要求用户打开图片，可是图片可以是 BMP 类型的，也可以是 JPEG 或其他类型的，这时筛选器可以编写如下。

```
openFileDialog1.Filter = "图片（*.bmp;*.jpg;*.png）|*.bmp;*.jpg;*.png";
```

这样，一个筛选器就可以同时筛选多种类型的文件。甚至可以将筛选器编写为：

```
openFileDialog1.Filter = "图片（BMP/JPG/PNG）|*.bmp;*.jpg;*.png|文本文件
（TXT/RTF/DOC）|*.txt;*.rtf;*.doc|所有文件|*.*";
```

可以看到，通过“|”符号能同时设置多个筛选器，运行时系统会自动将这些选择器进行分割，如图 6-6 所示。

### 6.3.2　SaveFileDialog 控件

SaveFileDialog 控件和 OpenFileDialog 控件很相似，常用的属性和方法也一样，区别在于

SaveFileDialog 控件多了如下两个属性。

① CreatePrompt：获取或设置一个值，该值指示如果用户指定不存在的文件，对话框是否提示用户允许创建该文件。

② OverwritePrompt：获取或设置一个值，该值指示如果用户指定的文件名已存在，对话框是否显示警告。

因为它和 OpenFileDialog 控件的使用方式是一样的，因此这里不再赘述。

图 6-6　多个筛选器

## 6.3.3　ColorDialog 控件

ColorDialog 控件的作用是让用户选择一个颜色或允许用户自定义颜色。该对话框的常用属性如下。

① AllowFullOpen：指示用户是否可以使用该对话框自定义颜色。

② Color：获取或设置用户选定的颜色。

③ FullOpen：指示用于创建自定义颜色的控件在对话框打开时是否可见。

打开 ColorDialog 也要使用 ShowDialog()方法。

```
colorDialog1.ShowDialog();
```

根据属性设置的差别，对话框打开后的样式也有所区别，如图 6-7 所示。

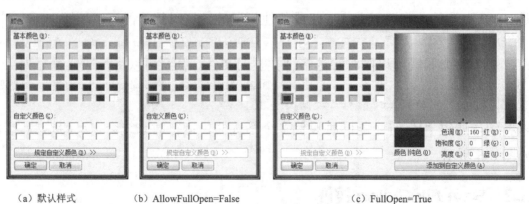

（a）默认样式　　　　　　（b）AllowFullOpen=False　　　　　　（c）FullOpen=True

图 6-7　不同样式的 ColorDialog 控件

无论采用哪种样式，ColorDialog 控件返回的都是一个 Color 对象，即

```
Color col = colorDialog1.Color;
```

### 6.3.4　FolderBrowserDialog 控件

用户在实际的使用过程中，除了会选择文件，也可能会需要选择一个文件夹，此时就要使用 FolderBrowserDialog 控件，它的作用是提供一种方法，让用户可以浏览、创建并最终选择一个文件夹。需要注意的是，该对话框只允许用户选择文件夹而非文件。文件夹的浏览通过树控件完成，通过这个对话框可以选择文件系统中的文件夹，但是不能选择虚拟文件夹。

FolderBrowserDialog 控件常用的属性如下。

① Description：获取或设置对话框中在树视图控件上显示的说明文本。

② RootFolder：获取或设置其开始浏览的起始文件夹。

③ SelectedPath：获取或设置用户选定的路径。

④ ShowNewFolderButton：指示是否在文件夹浏览对话框中显示"新建文件夹"按钮。

打开 FolderBrowserDialog 控件时也使用了 ShowDialog()方法。

```
folderBrowserDialog1.ShowDialog();
```

根据属性设置的差别，对话框打开后的样式也有所区别，如图 6-8 所示。

（a）默认样式　　　　　　（b）ShowNewFolderButton=False　　　　（c）RootFolder=ApplicationData

图 6-8　不同样式的 FolderBrowserDialog 控件

不管采用哪种样式，FolderBrowserDialog 控件返回的都是一个包含用户选择的文件夹的字符串。

```
string path = folderBrowserDialog1.SelectedPath;
```

### 6.3.5　FontDialog 控件

FontDialog 控件的作用是帮助用户从本地计算机安装的字体中选择一种字形，其常用属性如下。

① AllowScriptChange：用户能否更改指定的字符集。

② AllowSimulations：指示对话框是否允许更改字形模拟。

③ Font：获取或设置选定的字体。

④ ShowApply：对话框是否包含"应用"按钮。

⑤ ShowColor：对话框是否显示颜色选择。

⑥ ShowEffects：对话框是否包含允许用户指定删除线、下画线和文本颜色选项的控件。

FontDialog 控件的打开方法也是使用 ShowDialog()方法。

```
fontDialog1.ShowDialog();
```

根据属性设置的差别，对话框打开后的样式也有所区别，如图 6-9 所示。

不管采用哪种样式，FontDialog 控件返回的都是一个 Font 对象。

```
textBox1.Font = fontDialog1.Font;
```

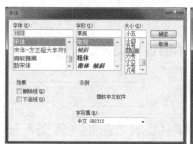  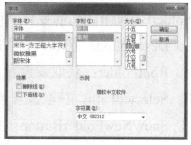

　（a）默认样式　　　　　　　（b）AllowScriptChange=False　　　（c）AllowSimulations=False

　（d）ShowApply=True　　　　　（e）ShowColor=True　　　　　　（f）ShowEffects=False

图 6-9　不同样式的 FontDialog 控件

# 6.4　图片浏览器

下面通过几个简单的小程序来学习对话框的使用。

## 6.4.1　问题

本次需要制作一个简单的图片浏览器，其运行效果如图 6-10 所示。

整个应用程序只有一个简单的窗体，操作是由一个右键弹出式菜单和两个图片组成的，具体要求如下。

① 窗体加载时不显示任何图片，同时"上一张"和"下一张"按钮不可用。

② 在窗体上右击，弹出快捷菜单，菜单中包括"打开图片"、"打开文件夹"、"图片另存为"和"退出"选项。

选择"打开图片"选项，打开一个对话框，让用户选择一张 JPG 格式的图片并显示，"上一张"和"下一张"按钮不可用，如图 6-11 所示。

选择"打开文件夹"选项，打开一个对话框，让用户选择一个文件夹，并显示该文件夹下的第 7 张图片，"上一张"和"下一张"按钮变为可用，如图 6-12 所示。

选择"图片另存为"选项，打开一个对话框，让用户选择另存为图片的路径和名称。

选择"退出"选项，关闭窗体并退出系统。

图 6-10　图片浏览器的运行效果

图 6-11　打开一张图片

图 6-12　打开一个文件夹

## 6.4.2　需求分析

图片浏览器中的大部分功能使用到的技能都已经学习到了，下面将从三个方面进行深入分析。

### 1．窗体制作

本次制作的小程序所包含的控件并不多，表 6-4 列出了所有控件及其属性设置。

表 6-4　窗体控件及属性设置

| 界面元素 | 类　型 | 属性设置 |
| --- | --- | --- |
| 窗体 | Form | Name 值为 frmPicViewer，StartPosition 值为 CenterScreen，Text 值为图片浏览器 |
| 图片显示 | PictureBox | Name 值为 picView，Dock 值为 Fill，SizeMode 值为 Zoom |

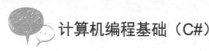
续表

| 界 面 元 素 | 类 型 | 属 性 设 置 |
|---|---|---|
| 上一张 | PictureBox | Name 值为 picPrev，Anchor 值为 None，SizeMode 值为 Zoom |
| 显示数量 | Label | Name 值为 lblMsg |
| 下一张 | PictureBox | Name 值为 picNext，Anchor 值为 None，SizeMode 值为 Zoom |
| 分割线 | Splitter | Dock 值为 Bottom，Enabled 值为 False |
| 打开图片 | OpenFileDialog | Name 值为 dlgOpenFile，Filter 值为图片（*.jpg）\|*.jpg |
| 打开文件夹 | FolderBrowserDialog | Name 值为 dlgOpenFolder |
| 另存图片 | SaveFileDialog | Name 值为 dlgSaveFile，Filter 值为图片（*.jpg）\|*.jpg |
| 右键弹出式菜单—打开图片 | ToolStripMenuItem | Name 值为 mnuOpenFile，Text 值为打开图片 |
| 右键弹出式菜单—打开文件夹 | ToolStripMenuItem | Name 值为 mnuOpenFolder，Text 值为打开文件夹 |
| 右键弹出式菜单—图片另存为 | ToolStripMenuItem | Name 值为 mnuSaveAs，Text 值为图片另存为 |
| 右键弹出式菜单—退出 | ToolStripMenuItem | Name 值为 mnuExit，Text 值为退出 |

这些控件和属性大部分已学过，这里需要注意的是 Dock 属性和 Anchor 属性，以及 Splitter 控件。

Dock 属性和 Anchor 属性都是用来控制控件布局的，WinForm 中几乎所有的控件都具有这两个属性。具体来说，在制作窗体时会遇到这样的问题：一旦用户更改了窗体的大小，原来设计好的窗体就会"面目全非"。其原因就在于控件在窗体上定位时是以其左顶点的坐标为基准的，因此控件默认情况下和窗体的左边和顶端的距离保持不变，当窗体的大小发生变化时，就会破坏布局。

解决方法是，应合理地使用控件的 Dock 属性和 Anchor 属性。Dock 属性用来设定控件的停靠方式。所谓停靠就是指定控件与其父控件的哪条边对齐，同时在调整控件的父控件大小时自动调整控件的大小。例如，将 Dock 属性设置为 DockStyle.Left 将使控件与其父控件的左边缘对齐，并在父控件调整大小时自动调整自身大小，如图 6-13 所示。

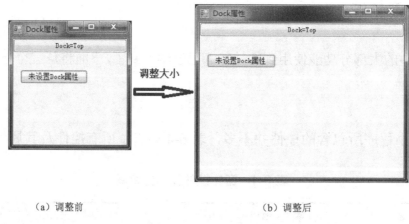

（a）调整前　　　　　　　　　　　　（b）调整后

图 6-13　Dock 属性

Anchor 属性则是将控件绑定到容器的边缘，并确定控件随其父控件一起调整大小。

使用 Anchor 属性可以定义在调整控件的父控件时如何自动调整控件的大小。将控件锚定到其父控件后，可确保当调整父控件时锚定的边缘与父控件的边缘的相对位置保持不变，如图 6-14 所示。

需要注意的是，Anchor 属性和 Dock 属性是互相排斥的，即每次只能设置其中的一个属性，最后设置的属性优先。

Splitter 控件是一个界面的拆分器，允许用户调整停靠控件的大小。Splitter 控件使用户可以在运行时调整停靠到 Splitter 控件边缘的控件大小。当将鼠标指针移到 Splitter 控件上时，光标将更改已指示可以调整停靠到 Splitter 控件的那些控件大小。

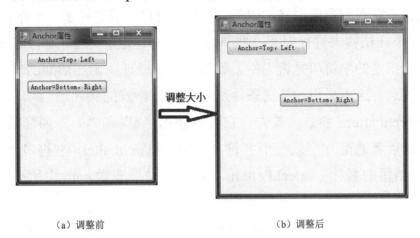

（a）调整前　　　　　　　　　　　　　　　（b）调整后

图 6-14　Anchor 属性

当使用 Splitter 控件时，首先需要将希望能够调整大小的控件停靠到一个容器的边缘，然后将拆分器停靠到该容器的同一侧。当然，使用它不是为了调整图片的大小，而是为了让图片能够随着窗体一起改变，因此要将 Splitter 控件的 Enabled 属性设定为 False。

### 2. 多图片读取与查看

在图片浏览器中，有一个功能比较复杂，即"打开文件夹"功能，它需要将用户选择的文件夹下的所有 JPG 类型的文件都找出来，并且能够循环查看。这里的难点有两个，即如何查找文件夹下的图片和如何循环查看图片。

查看某个文件夹下指定类型的文件，可以使用位于 System.IO 名称空间下的 Directory 类，它提供了一个静态方法——GetFiles()，该方法可以帮助用户在指定的文件夹下查找文件，其语法结构如下。

```
public static string[] GetFiles(string path[,string searchPattern,
                SearchOption searchOption])
```

它是一个静态方法，因此在使用时不需要对象，可直接通过 Directory 类调用，它带有如下三个参数。

① path：string 类型，所要操作的文件夹。

② searchPattern：string 类型，可选参数，文件筛选器。

③ searchOption：SearchOption 类型，可选参数，指定搜索时是否包含子目录。

该方法返回一个字符串类型的数组，即所有符合条件的文件路径。在图片浏览器中，可以通过对话框让用户选择路径，然后使用该方法来完成对所有图片文件的搜索。

```
folderBrowserDialog1.ShowDialog();
string path = folderBrowserDialog1.SelectedPath;

if (!string.IsNullOrEmpty(path))
{
    string[] files = Directory.GetFiles(path, "*.jpg");
}
```

在上面的代码中，首先通过 ShowDialog()方法打开一个 FolderBrowserDialog 控件，然后通过一个字符串变量来取得用户所选择的路径。当然，用户可能选择了一个路径，也可能没有选择，因此要通过一个 if 结构来进行判断，判断时通过 string 类提供的静态方法 IsNullOrEmpty()，这个方法可以判断指定的字符串是否为空。如果通过了验证，则在后面的代码中用 GetFiles()方法来读取文件信息，这里采用的筛选条件是所有 JPG 格式的文件。

需要注意 searchPattern 参数。首先，它可以使用"*"和"？"通配说明符，前者通配0个或多个字符，后者通配0个或一个字符，例如，searchPattern 字符串"*t"搜索 path 中所有以字母"t"结尾的名称；searchPattern 字符串"s*"搜索 path 中所有以字母"s"开头的名称。

另外，在 searchPattern 中使用星号通配符时（如"*.txt"），扩展名长度正好为三个字符时的匹配行为，与扩展名长度多于或少于三个字符时的匹配行为有所不同。文件扩展名正好是三个字符的 searchPattern 将返回扩展名为三个或更多字符的文件，其中前三个字符与 searchPattern 中指定的文件扩展名匹配。文件扩展名为一个、两个或三个以上字符的 searchPattern 仅返回扩展名长度正好与 searchPattern 中指定的文件扩展名匹配的文件。使用"？"通配说明符时，仅返回与指定文件扩展名匹配的文件。例如，目录中有"file1.txt"和"file1.txtother"两个文件，使用"file?.txt"搜索模式时只返回第一个文件，而使用"file*.txt"搜索模式时会同时返回这两个文件。

下面需要将图片展示出来，通过 Image 类的 FromFile()方法即可实现。

```
picShowPic.Image = Image.FromFile(path);
```

问题的焦点在于，该方法需要一个 string 类型的参数，将文件的路径传递进来，而通过上面的 GetFiles()方法获取的是一个包含很多文件路径的字符串数组，于是可通过下标来提取数组中的指定路径并显示。

```
picShowPic.Image = Image.FromFile(files[index]);
```

通过变换 index 的值，可任意提取数组中的某一个文件并显示。

### 3. 图片另存

图片转存是这个小程序中最难的部分，其最理想的实现方式是采用文件流的方式，即将一个图片文件读入内存的一个文件流对象中，再将这个文件流对象写入另一个图片文件中，但是这已经超出了本章所学习的内容，因此需要采用文件复制的方式来实现。

事实上，文件复制的实现过程也不难理解，即将源文件通过相应的方法复制到用户指定的新路径中，从而实现另存为功能。这里要用到 System.IO 名称空间下的 File 类，这个类是用来进行文件操作的，其 Copy()方法可以用来进行文件复制，具体语法如下。

```
public static void Copy(string sourceFileName,string destFileName[,bool overwrite])
```

该方法是一个静态方法，并且带有如下三个参数。

① sourceFileName：string 类型，要复制的源文件。

② destFileName：string 类型，目标文件。

③ overwrite：bool 类型，可选参数，是否允许覆盖目标文件。

仔细观察这个方法会发现，现在问题的焦点集中在两个路径上，即源文件路径和目标文件路径。对于目标文件路径，通过 SaveFileDialog 可以很容易获取，但是源文件的路径该如何取得呢？

实际上，在显示图片环节中已接触过图片的路径，即已经取得了源文件的路径，只是将其显示出来后没有继续使用此路径，现在只需要将其放于此处使用即可。首先将其保存起来的方式有很多种，这里采用 PictureBox 控件的 Tag 属性。

```
pictureBox1.Tag = files[index];
```

Tag 属性在这里用来存放图片的路径。然后需要将其取出来，即

```
string source = pictureBox1.Tag.ToString();
```

因为 Tag 属性是 object 类型的，因此这里可通过 ToString()方法将其转换成 string 类型。当然，这不是唯一的办法，通过一个全局的变量或一个 Label 控件也可以达到同样的目的。

现在已经将文件复制的所有元素都获取了，下面可完成这个过程。

```
saveFileDialog1.ShowDialog();
string file = saveFileDialog1.FileName;

if (!string.IsNullOrEmpty(file))
{
    string source = pictureBox1.Tag.ToString();
    File.Copy(source, file);
}
```

在这段代码中，首先通过 SaveFileDialog 获得用户所要另存图片的路径，这个路径是要经过验证的。如果验证通过，则将保存在 PictureBox 控件的 Tag 属性中的源文件路径提取出来，最后通过 File 类的 Copy()方法来完成图片的复制。

### 6.4.3　实现图片浏览器

经过前面的学习，我们已经可以完成图片浏览器的代码编写了。

```
public partial class frmPicViewer : Form
{
    string[] files = null;
    int index = 0;

    public frmPicViewer()
    {
```

```
        InitializeComponent();
    }

    //打开一张图片
    private void mnuOpenPic_Click(object sender, EventArgs e)
    {
        dlgOpenFile.ShowDialog();
        string file = dlgOpenFile.FileName;

        if (!string.IsNullOrEmpty(file))
        {
            picShowPic.Image = Image.FromFile(file);
            picShowPic.Tag = file;

            lblMsg.Text = "1/1";
            picPrev.Enabled = false;
            picNext.Enabled = false;
        }
    }

    //打开多张图片
    private void mnuOpenFolder_Click(object sender, EventArgs e)
    {
        dlgOpenFolder.ShowDialog();
        string path = dlgOpenFolder.SelectedPath;

        picPrev.Enabled = true;
        picNext.Enabled = true;

        if (!string.IsNullOrEmpty(path))
        {
            files = Directory.GetFiles(path, "*.jpg");
            ShowPic();
        }
    }

    //显示图片
    private void ShowPic()
    {
        if (index < 0)
            index = files.Length - 1;

        if (index > files.Length - 1)
            index = 0;

        picShowPic.Image = Image.FromFile(files[index]);
        picShowPic.Tag = files[index];
        lblMsg.Text = (index + 1).ToString() + "/" + (files.Length +
1).ToString();
    }

    //下一张图片
    private void picNext_Click(object sender, EventArgs e)
    {
        index++;
        ShowPic();
    }
```

```
    //上一张图片
    private void picPrev_Click(object sender, EventArgs e)
    {
        index--;
        ShowPic();
    }

    //图片另存为
    private void mnuSaveAs_Click(object sender, EventArgs e)
    {
        dlgSaveAs.ShowDialog();
        string file = dlgSaveAs.FileName;

        if (!string.IsNullOrEmpty(file))
        {
            string source = picShowPic.Tag.ToString();
            File.Copy(source, file);
        }
    }

    //退出系统
    private void mnuExit_Click(object sender, EventArgs e)
    {
        Application.Exit();
    }

    //窗体加载
    private void frmPicViewer_Load(object sender, EventArgs e)
    {
        lblMsg.Text = "";
        picPrev.Enabled = false;
        picNext.Enabled = false;
    }
}
```

在上面的代码中，首先声明了两个全局变量，一个是字符串数组 files，用来保存多选的图片路径；另一个是整型的 index，用来控制 files 数组的下标。在窗体的 Load 事件中，将显示消息的 Label 控件的 Text 属性设定为空，并且将"上一张"和"下一张"图片的两个 PictureBox 控件的 Enabled 属性设定为 False，这样它们就不能够被使用了。

在"打开图片"选项的 Click 事件中，首先通过 OpenFileDialog 控件让用户选择一张图片并取得其路径，然后对这个路径进行了非空验证，通过验证后使用 Image 类的 FromFile()方法将其显示在 PictureBox 控件中，同时将其路径保存在 PictureBox 控件的 Tag 属性中。最后设置显示消息的 Label 控件的 Text 属性，以及禁用"上一张"和"下一张"按钮。

在"打开文件夹"选项的 Click 事件中，基本的操作过程和"打开图片"选项相似，只是这里显示图片的操作被放在一个方法中，因为在整个操作过程中会多次使用这个过程，因此将其封装成一个方法会使程序更加简单。

ShowPic()是定义的一个专门用来显示图片的方法，单独定义出来是因为在程序中要多次用到。在这个方法中，首先对数组下标的控制变量 index 进行相关的验证，如果其值小于 0，则说明已经超出了数组的下限，这时将其设定为数组长度-1，即指向数组的最后一个成员；如

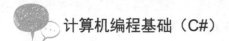

果其值大于数组长度-1，则说明已经超出了数组的上限，这时候将其设定为 0，即指向了数组的第一个成员。完成这个过程之后，可以通过 index 从数组中找到相应的文件路径并完成后续的操作。

"下一张"和"上一张"的按钮操作相对比较简单，只需要将 index 进行相应的加减操作，然后调用 ShowPic()方法即可。"图片另存为"选项的实现虽然比较复杂，但是在前面已经详细讲解了，这里不再赘述。"退出"选项只需要调用 Application 对象的 Exit()方法即可实现。

> 本章主要学习了 WinForm 中的对话框。在实际编程过程中，界面友好是一个非常重要的质量标准，一个功能齐全但界面不友好的软件是很难得到用户认可的，而对话框在这方面有很大的优势，它们使用简单、操作明确，因此合理地使用对话框会使程序更受欢迎。

# 上机操作 6

总目标：
① 掌握对话框控件的使用。
② 掌握消息框的使用。

**上机阶段一（25 分钟内完成）**

上机目的：掌握对话框控件的使用。

上机要求：在第 6 章上机阶段三中设计制作了 MyNote 的主窗体及菜单，本阶段需要实现菜单"文件"中的"打开"、"保存"、"另存为"和"退出"选项。因为此前未学习文件操作，所以只需要实现通过对话框得到相应的路径即可。

**实现步骤**

**步骤 1：** 在窗体上添加一个 TextBox 控件，用来显示操作路径。
**步骤 2：** 在窗体上添加 OpenFileDialog 控件，并实现"打开"功能。
**步骤 3：** 在窗体上添加 SaveFileDialog 控件，并实现"保存"和"另存为"的功能。
**步骤 4：** 实现"退出"功能。
**步骤 5：** 运行并查看效果。

**上机阶段二（25 分钟内完成）**

上机目的：掌握对话框控件的使用。

上机要求：实现菜单"格式"中"字体"和"颜色"选项的功能。

**实现步骤**

**步骤 1：** 在窗体上添加 FontDialog 控件。

**步骤 2：** 在"字体"选项的 Click 事件中打开 FontDialog 控件，并根据对话框操作结果完成对 TextBox 控件中 Font 属性的设置。

**步骤 3：** 在窗体上添加 ColorDialog 控件。

**步骤 4：** 在"颜色"选项的 Click 事件中打开 ColorDialog 控件，并根据对话框操作结果完成对 TextBox 控件中 ForceColor 属性的设置。

**步骤 5：** 运行并查看效果。

**上机阶段三（25 分钟内完成）**

上机目的：掌握对话框控件的使用。

上机要求：为了帮助初学者更好地学习和掌握对话框，现在需要制作一个简单的对话框学习程序，其运行效果如图 6-15 所示。

　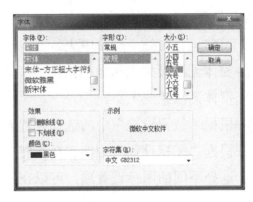

（a）"FontDialog 学习"对话框　　　　　（b）"字体"对话框

图 6-15　FontDialog 学习程序

整个小程序通过 8 个 CheckBox 控件将 FontDialog 控件的常用属性列举出来，其具体要求如下。

① 窗体运行时处于屏幕中央。

② 窗体无法最大化和最小化。

③ 窗体无法改变大小。

④ 单击每一个 CheckBox 控件时，在窗体右侧的"属性说明"处显示该属性的说明。

⑤ 根据 CheckBox 控件的选中状态设定 FontDialog 对话框的相应属性。

⑥ 在 TextBox 控件中显示对话框的操作结果。

**实现步骤**

**步骤 1：** 添加新的窗体 frmFontExample。

**步骤 2：** 按要求设计制作窗体。

**步骤 3：** 按要求完成相应的功能。

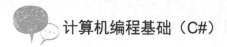 

**步骤 4**：运行并查看效果。

## 上机阶段四（25 分钟内完成）

上机目的：掌握消息框的使用。

上机要求：仿照上机阶段三，制作 MessageBox 消息框学习程序，其运行效果如图 6-16 所示。

（a）对话框（1）　　　　　　　　　　　　（b）对话框（2）

图 6-16　MessageBox 学习程序

其具体要求如下。

① 窗体运行时处于屏幕中央。

② 窗体无法最大化和最小化。

③ 窗体无法改变大小。

④ 根据"按钮设置"中的选择设置 MessageBox 的 MessageBoxButtons 参数。

⑤ 根据"图标设置"中的选择设置 MessageBox 的 MessageBoxIcon 参数。

⑥ 选择不同的图标设置项，可以在上方的 PictureBox 中看到相应的图标。

### 实现步骤

**步骤 1**：添加新窗体 frmMsgExam。

**步骤 2**：按要求设计窗体。

**步骤 3**：按要求实现相应的功能。

**步骤 4**：运行并查看效果。

# 课后实践 6

## 1. 选择题

（1）MessageBox.Show()方法的第二个参数的作用是（　　　）（选 1 项）。

    A．设置消息框内容

    B．设置消息框标题

    C．设置消息框按钮

    D．设置消息框图标

（2）下列不属于 MessageBoxButtons 取值的是（　　　）（选 2 项）。

    A．AbortRetryIgnore

    B．YesNoCancel

    C．RetryOkCancel

    D．Yes

（3）下列不属于 MessageBoxIcon 图标的是（　　　）（选 1 项）。

    A．由一个红色背景的圆圈和其中的白色 X 组成

    B．由一个蓝色背景的圆圈和其中的一个问号组成

    C．由一个黄色背景的三角形和其中的一个感叹号组成

    D．由一个蓝色背景的圆圈和其中的一个感叹号组成

    E．由一个黄色背景的三角形和其中的一个问号组成

（4）下列能够操作文件的是（　　　）（选 2 项）。

    A．OpenFileDialog 控件

    B．FolderBrowserDialog 控件

    C．FontDialog 控件

    D．SaveFileDialog 控件

（5）下列有关 SaveFileDialog 控件的 OverwritePrompt 属性描述正确的是（　　　）（选 1 项）。

    A．如果文件已经存在，则弹出警告

    B．如果文件不存在，则弹出警告

    C．无论文件存在与否都弹出警告

    D．无论文件存在与否都不弹出警告

## 2．代码题

写出一个只能保存文本文件的 SaveFileDialog 控件的核心代码。

第 7 章

# ADO.NET（一）

## 7.1 概述

在现代的商业信息系统中，数据库技术得到了广泛的应用，相应的数据库访问技术也越来越受到人们的关注，ADO.NET 作为.NET 体系中重要的数据库访问技术，一直是.NET 开发人员学习和使用的重点。本章将讨论如何在 C#程序中使用 ADO.NET 访问数据库中的数据，并通过 ADO.NET 帮助用户完成对数据库的各种操作，使其开发功能更加强大。

**本章主要内容：**

① 了解 ADO.NET 的基本概念；

② 了解 ADO.NET 的组成；

③ 掌握 Connection 对象的使用；

④ 掌握配置文件的使用。

## 7.2 ADO.NET

ADO.NET 是一系列对象的统称，这些对象既有联系又分工明确，它们通过相互配合共同构建出一个完整的体系，这个体系及其相关的扩展应用可以在.NET 程序中方便地操作各种数据库。

### 7.2.1 简介

ADO.NET 是由 ADO（ActiveX Data Object，ActiveX 数据对象）技术发展而来的。1997

年，微软公司拥有了种类繁多但功能重叠的数据库访问技术群，这些技术使企业与开发人员在选择、学习与应用上产生了很多困扰，为此微软公司对这些技术群进行了整合和重写，从而诞生了 ADO 技术。

ADO 推出后顺利地取代了其他的数据库访问技术，成为在 Windows NT 4.0 和 Windows 2000 操作系统上开发数据库应用程序的首选。它将对象模型进行了统一，并改由数据库厂商发展数据提供者，这样就使 ADO 本身与数据源无关，这种开发方法迅速获得了 ASP 与 Visual Basic 开发人员的青睐。然而 ADO 本身的架构仍然存在缺陷，这些问题在随后的互联网应用程序大量出现后表现得尤为突出。

1998 年，微软公司提出了下一代应用程序开发框架（Application Framework）计划，在这个计划中微软公司采用在客户端创建一个临时的小型数据库的方式实现了真正的数据脱机处理。这个改进不但有效地减少了数据库连接，而且其资源使用量也更少。在 2000 年 Microsoft .NET 计划开始成形时，这个新的架构被改名为 ADO.NET，并包装到.NET Framework 类库中，成为.NET 平台中唯一的数据访问组件。

ADO.NET 提供了对各种公开数据源的一致访问，这些数据源可以是 SQL Server 或其他类型的数据库，也可以是 XML 这样的数据源，甚至是通过 OLE DB 和 ODBC 公开的数据源。共享数据的使用方应用程序可以使用 ADO.NET 连接这些数据源，并检索、处理和更新其中包含的数据。

ADO.NET 通过数据处理将数据访问分解为多个可以单独使用或一前一后使用的不连续组件。ADO.NET 包含用于连接数据库、执行命令和检索结果的.NET Framework 数据提供程序。这些结果或被直接处理，存储在 ADO.NET 数据集（DataSet）对象中以便以特别的方式向用户公开，并与来自多个源的数据组合，或者在层之间传递。DataSet 对象也可以独立于.NET Framework 数据提供程序，用于管理应用程序本地的数据或源自 XML 的数据。

## 7.2.2　组成

ADO.NET 由.NET 框架数据提供程序（.NET Framework Data Provider）和数据集（DataSet）两部分构成，这两部分是相辅相成的，共同构成了整个 ADO.NET 架构，如图 7-1 所示。

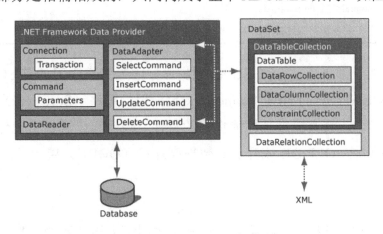

图 7-1　ADO.NET 架构

計算机编程基础（C#）

### 1．.NET Framework 数据提供程序

.NET Framework 数据提供程序用于连接数据库、执行命令和检索结果。这些结果将被直接处理，放置在 DataSet 中以便根据需要向用户公开、与多个源中的数据组合，或在层之间进行远程处理。.NET Framework 数据提供程序是轻量的，它在数据源和代码之间创建最小的分层，并在不降低功能的情况下提高性能。默认情况下，.NET Framework 有四种数据提供程序，如表 7-1 所示。

表 7-1　.NET Framework 中包含的数据提供程序

| 数据提供程序 | 说　　明 |
| --- | --- |
| SQL Server 的数据提供程序 | 提供对 Microsoft SQL Server 7.0 或更高版本中数据的访问。使用 System.Data.SqlClient 命名空间 |
| OLE DB 的数据提供程序 | 提供对使用 OLE DB 公开数据源中数据的访问。使用 System.Data.OleDb 命名空间 |
| ODBC 的数据提供程序 | 提供对使用 ODBC 公开数据源中数据的访问。使用 System.Data.Odbc 命名空间 |
| EntityClient 的数据提供程序 | 提供对实体数据模型（EDM）应用程序的数据访问。使用 System.Data.EntityClient 命名空间 |

如果需要使用其他类型的数据库，则需要到相应数据库提供商的官方网站上获取。例如，要使用 Oracle 数据库，可以访问 www.oracle.com 站点，获取.NET 提供程序 ODP.NET。每一种数据提供程序中都有可以帮助用户完成具体数据操作的核心对象，如表 7-2 所示。

表 7-2　数据提供程序的核心对象

| 核心对象 | 说　　明 |
| --- | --- |
| Connection | 建立与特定数据源的连接 |
| Command | 对数据源执行命令 |
| DataAdapter | 从数据源中读取只进且只读的数据流 |
| DataReader | 使用数据源填充 DataSet 并解决更新 |
| Transaction | 将命令登记在数据源处的事务中 |
| CommandBuilder | 一个帮助器对象，它自动生成 DataAdapter 的命令属性或在存储过程中派生参数信息，并填充 Command 对象的 Parameters 集合 |
| Parameter | 定义命令和存储过程的输入、输出和返回值参数 |

本章中的所有例子都采用了 SQL Server 数据库，因为这里学习的是 SQL Server 2008 数据库。另外，用于 SQL Server 的.NET Framework 数据提供程序（SqlClient）使用自己的协议与 SQL Server 进行通信。它具有轻量且性能良好的特性。因为它已进行了优化，所以可直接访问 SQL Server，而无须添加 OLE DB 或开放式数据库连接（ODBC）层。

### 2．数据集

数据集是 ADO.NET 结构的主要组件。它是从数据源中检索到的数据在内存中的缓存，对支持 ADO.NET 中的断开连接的分布式数据方案起着至关重要的作用。DataSet 是数据驻留在

122

内存中的表示形式，不管数据源是什么，它都可提供一致的关系编程模型。它可以用于多种不同的数据源，用于 XML 数据，或用于管理应用程序本地的数据。DataSet 表示包括相关表、约束和表间关系在内的整个数据集。DataSet 所用到的类主要包含在 System.Data 和 System.Data.Common 名称空间中，如表 7-3 所示。

表 7-3  DataSet 所用到的类

| 类 | 说　　明 |
| --- | --- |
| DataSet | 表示数据在内存中的缓存，它可以包含一组 DataTable，以及这些表之间的关系 |
| DataTable | 表示内存中数据的一个表，它是由一个或多个 DataColumn 组成的，每个 DataColumn 由一个或多个包含数据的 DataRow 组成 |
| DataRow | 表示 DataTable 中的一行数据 |
| DataColumn | 表示 DataTable 中列的架构，如名称和数据类型 |
| DataRelation | 表示两个 DataTable 对象之间的父/子关系 |
| Constraint | 表示可在一个或多个 DataColumn 对象上强制的约束，如唯一值 |
| DataColumnMapping | 将数据库中的列名映射到 DataTable 中的列名 |
| DataTableMapping | 将数据库中的表名映射到 DataTable 中的表名 |
| DataView | 用于排序、筛选、搜索、编辑和导航 DataTable 的自定义视图 |

可以将 DataSet 理解成内存中的数据库，数据通过数据提供程序从数据库中提取后便放置在 DataSet 中。客户端程序可以操作这些数据，应用程序和数据库之间的连接也可以断开。当数据处理完毕后，可重新连接服务器并把数据传回数据库。

# 7.3  Connection 对象

Connection（连接）对象的作用是建立和数据库的连接，在 ADO.NET 中，一切操作皆以连接为基础，就像打电话之前要拨号一样。如果是 SQL Server 数据库，则可以使用 SqlConnection 类；如果是其他类型的数据库，则可以采用 OldDbConnection 类，或者采用其他专用连接类。但是，无论采用哪种类，连接对象都是通过一个字符串来建立与服务器连接的。下面以 SqlConnection 类为例来学习连接对象。

## 7.3.1  连接数据库

SqlConnection 类位于 System.Data.SqlClient 名称空间下，因此在使用它之前需要先在程序中引入该名称空间。

```
using System.Data.SqlClient;
```
然后创建 SqlConnection 类的对象。
```
SqlConnection sqlConn = new SqlConnection();
```
或者
```
SqlConnection sqlConn = new SqlConnection(string conStr);
```
这两种方法都可以创建连接对象，但是稍微有些区别。第一种方法只是创建一个连接对象，但是没有提供连接字符串，因此需要在后续的程序中提供该字符串后才能使用。第二种方法在创建对象时已经将连接字符串作为参数传递给了该对象，因此可以直接使用。

连接字符串是 Connection 对象的核心，通过它可完成和数据库的连接工作。在连接字符串中，需要说明所要连接的服务器名称或地址、所要连接的数据库名称及连接方式等信息，例如，连接音像店管理程序的数据库代码如下。

```
string conStr = "server=.;database=MyFilm;uid=sa;pwd=12345;";
```

在这段代码中创建了一个连接本地服务器的名为 MyFilm 数据库的连接字符串，它被分号隔为四个部分，各部分作用如下。

① server：表示要连接的数据库服务器。这里连接的是本地服务器的默认实例。如果要连接远程服务器，则需要指明服务器名称或 IP 地址。另外，SQL Server 允许在同一台计算机上运行多个不同的数据库服务器实例，如果连接的不是默认实例，则需要指明实例名称，如 server=dataSer/Test。除使用 server 外，还可以使用 data source 来指定服务器，效果和使用方式与 server 一样，如 data source= dataSer/Test。

② database：标识要连接的数据库名称。每一个 SQL Server 服务器中都存有很多数据库实例，因此需要指明连接到哪个数据库上，这里连接的是 MyFilm 数据库。同 database 具有相同作用的是 initial catalog，如 initial catalog=MyFilm。

③ uid：当采用 SQL Server 身份验证方式登录服务器时，需要通过 uid 提供登录的用户名，该用户名必须是数据库服务器中存在并可以正常登录的，这里使用的是 sa。同 uid 具有相同效果的是 user id，如 user id=sa。

④ pwd：当采用 SQL Server 身份验证方式登录服务器时，需要通过 pwd 提供登录的密码，这里的密码是 123456，当然，实际开发时是不可以这样写的。同 pwd 具有相同效果的是 password，如 password=123456。

除采用 SQL Server 身份验证方式登录服务器外，还可以采用 Windows 身份验证方式登录服务器，其连接字符串如下。

```
string conStr = "data source=.;initial catalog=MyFilm;integrated
security=SSPI;";
```

在这个连接字符串中，原来的 uid 和 pwd 已经被去掉了，取而代之的是 integrated security，其值可以是 SSPI 或 True。它的作用是采用 Windows 身份验证方式连接数据库。

除手写连接字符串外，还可以通过工具自动生成，其过程如下。

① 在 VS 2010 中，选择"视图（V）"→"服务器资源管理器（V）"选项，打开"服务器资源管理器"窗口，如图 7-2 所示。其快捷键为 Ctrl+Alt+S。

② 在打开的"服务器资源管理器"窗口中，右击"数据连接"选项，在弹出的快捷菜单中选择"添加连接（A）…"选项，如图 7-3 所示。

③ 在打开的"选择数据源"对话框的左侧，可以看到一个数据源列表，列出了系统提供的数据源，这里选择使用"Microsoft SQL Server"数据源。在"数据提供程序（P）："下拉列表中选择相应的数据提供程序，这里选择"用于 SQL Server 的.NET Framework 数据提供程序"选项，然后单击"继续"按钮，如图 7-4 所示。如果要了解其他信息，可以在"数据源（S）："列表框中选择一个数据源，就会看到关于该数据源的说明信息。

图 7-2 服务器资源管理器

图 7-3 添加新的数据连接

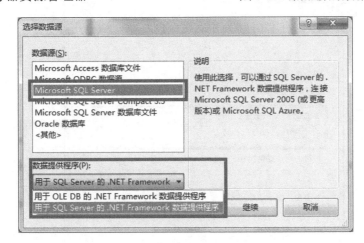

图 7-4 选择数据源窗体

④ 在打开的"添加连接"对话框中，处于最上方的是"数据源（S）："，这里显示的是刚才选择的内容，如果需要更改，则可以单击"更改（C）…"按钮返回上一步进行更改。在"服务器名（E）："文本框中可以手动输入数据库服务器名称或通过下拉列表选择，这里连接的是本地服务器，因此输入"."即可，如果需要连接的数据库服务器没有出现在下拉列表中，可以单击"刷新（R）"按钮进行刷新下拉列表。在"登录到服务器"选项组中，可以选中"使用 Windows 身份验证（W）"或"使用 SQL Server 身份验证（Q）"单选按钮。如果选中前者，则用当前登录到 Windows 的用户信息登录数据库服务器；如果选中后者，则下方的"用户名（U）："和"密码（P）："文本框会被激活，以输入登录的用户名和密码。这里选择使用 Windows 身份验证方式登录。在"连接到一个数据库"选项组中通过"选择或输入一个数据库名（D）："下拉列表输入或选择服务器上已经存在的一个数据库，这里选择"MyFilm"数据库。如果数据库并不在当前服务器上，而是以数据库文件的方式存放在磁盘中，则可以选中"附加一个数据库文件（H）："单选按钮，这时其下方的两个文本框将会被激活，在上面的文本框中可以输入主数据库文件的路径和文件名，或者单击"浏览（B）…"按钮进行选择。下方文本框中可以输入附加数据库的逻辑名称。所有内容都设置完毕后，单击"测试连接（T）"按钮测试是否可以正常连接服务器，如果不能正常连接，则需要返回重新设置连接信息；如果测试通过，则单击"确定"按钮完成添加，如图 7-5 所示。

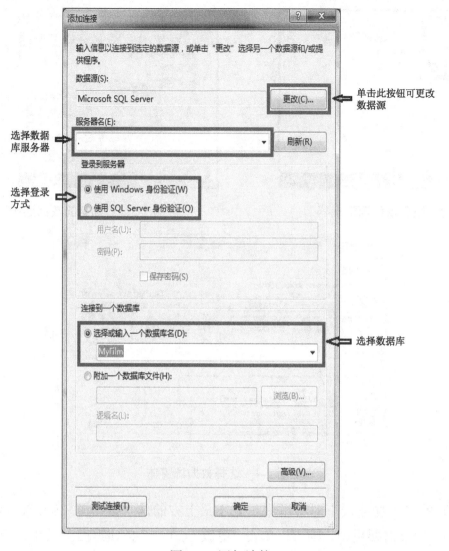

图 7-5　添加连接

⑤　在服务器资源管理器窗口中可以看到新添加的连接，展开后其包含的内容如图 7-6 所示。

⑥　右击该连接，在弹出的快捷菜单中选择"属性（R）"选项，打开该连接的"属性"窗体，其中的"连接字符串"属性是系统根据用户的选择自动生成的连接字符串，双击后复制即可使用，如图 7-7 所示。

图 7-6　添加完成后的服务器资源管理器

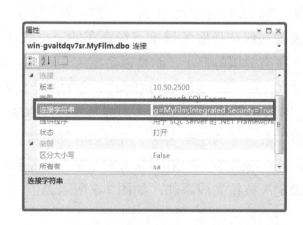

图 7-7　"属性"窗体

连接对象创建完毕后,可以通过其属性和方法来完成各种操作,表 7-4 中列出了 Connection 类的常用属性。

表 7-4　Connection 类的常用属性

| 属　　性 | 说　　明 |
| --- | --- |
| ConnectionString | 获取或设置用于打开 SQL Server 数据库的字符串 |
| ConnectionTimeout | 获取在尝试建立连接时,终止尝试并生成错误之前等待的时间 |
| Database | 获取当前数据库或连接打开后要使用的数据库名称 |
| DataSource | 获取要连接的 SQL Server 实例的名称 |
| ServerVersion | 获取包含客户端连接的 SQL Server 实例版本的字符串 |
| State | 指示连接的状态 |

除属性外,连接对象还提供了很多方法,表 7-5 中列出了其常用的方法。

表 7-5　Connection 类的常用方法

| 方　　法 | 说　　明 |
| --- | --- |
| BeginTransaction() | 开始数据库事务 |
| Close() | 关闭与数据库的连接。这是关闭任何打开连接的首选方法 |
| Dispose() | 释放使用的所有资源 |
| Open() | 使用 ConnectionString 指定的属性,设置打开数据库的连接 |

这些方法中最常用的是 Open()方法和 Close()方法。Open()方法类似于手机的呼叫按钮,输入号码后要按呼叫按钮才能拨出号码。连接对象也一样,设置了连接字符串后调用 Open()方法才开始和数据库建立连接。当连接使用完毕后要调用 Close()方法来关闭连接,因为连接是"稀缺"资源,所以最好确保每个资源使用完毕后立即关闭。

```
string conStr = "data source=.;initial catalog=MyFilm;integrated security=
SSPI;";
SqlConnection conn = new SqlConnection(conStr);

//SqlConnection conn = new SqlConnection();
//conn.ConnectionString = conStr;

conn.Open();
MessageBox.Show("连接成功! ", "连接数据库");
conn.Close();
```

在这段代码中,首先将数据库连接字符串放置在一个字符串变量中,然后声明数据库连接对象时,将这个字符串类型的变量作为参数传递给连接对象的构造,也可以用下方被注释的代码先声明连接对象,然后通过其 ConnectionString 属性设置连接字符串。无论采用哪种方式,创建的数据库连接对象都需要先调用 Open()方法打开连接,再调用 Close()方法关闭连接。代码的运行效果如图 7-8 所示。

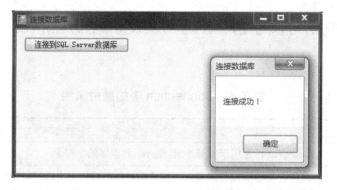

图 7-8　成功连接数据库

## 7.3.2　配置文件

能够正确连接数据库只是完整使用 Connection 对象的第一步，如果服务器或数据库发生了变化怎么办？因为 Connection 对象和服务器连接的基础是连接字符串，而在这个字符串中需要指出服务器的名称或地址，还要说明数据库的名称等信息，显然，如果服务器或数据库发生了变化，连接字符串也要做出相应的改变，即代码需要随之变化，这将会导致一系列问题，如重新测试、重新编译、重新发布等，这会使开发和维护成本大大增加。

如何解决这个问题呢？通过刚才的分析就可以找到问题的根结，即连接字符串。事实上，在前面编写的代码中唯一会发生变化的就是这个字符串，如果将其从程序中"拿走"，则程序会变得和这个字符串无关。再将这个被"拿走"的字符串放置到一个容易被编辑的地方，然后通过其他方式将其读取到程序中，这样无论连接字符串怎样变化，程序都不需要进行改变。

至此，解决问题的思路如下：先将连接字符串放置到一个文本文件中，然后通过文件读取类 StreamReader 将它读取到程序中使用。这样，用户既可以方便地编辑字符串，程序也可以在不发生变化的情况下继续使用。

读取文本文件的方式已学习过了，这里介绍另外一种处理方式，即配置文件。在.NET 中，配置文件是一种预先定义好的、可以按需要更改的 XML（eXtensible Markup Language，可扩展标记语言）文件（本章只要学会使用即可）。开发人员可以使用配置文件来更改设置，而不必重新编译应用程序。管理员可以使用配置文件来设置策略，以改变应用程序在计算机上运行的方式。

在 WinForm 中微软公司已经预定义了一个配置文件，即应用程序配置文件。它的添加过程很简单，在项目上右击，弹出快捷菜单，选择"添加（D）"→"新建项（W）…"选项即可，如图 7-9 所示。

在打开的"添加新项"对话框中选择"应用程序配置文件"选项，如图 7-10 所示。

需要注意的是，该文件的名称不能更改，只能是 App.config。在程序生成时系统会自动将其改为应用程序的名称，并与应用程序保存在同一目录下。

单击"添加（A）"按钮后完成操作，这时可以在解决方案资源管理器中看到新添加的配置文件，如图 7-11 所示。

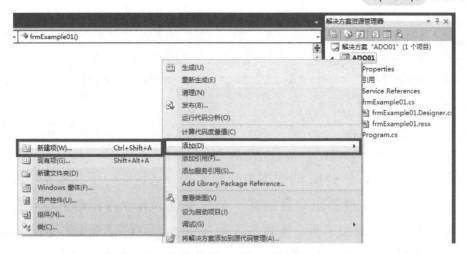

图 7-9　添加新建项

图 7-10　添加新项

图 7-11　完成添加

.NET 中的配置文件是一个预定义格式的 XML 文件，而 XML 本身的庞大内容已经远远超出了本书的范围，因此这里只需要掌握如何按照要求配置和使用即可。

双击打开 App.config 文件，可以完成其编辑工作。

```xml
<?xml version="1.0" encoding="utf-8" ?>
<configuration>
  <appSettings>
    <add key="SQL" value="data source=.;initial catalog=MyFilm; integrated
```

129

```
    security=SSPI;"/>
      </appSettings>
      <connectionStrings>
       <add name="SQL" connectionString="data source=.;initial catalog=MyFilm;
integrated
      security=SSPI;" />
      </connectionStrings>
    </configuration>
```

在这段代码中，第一行是 XML 的版本声明和编码方式说明，下面是整个配置文件的根节点<configuration>，XML 文件要求有且只有一个根节点，其他内容必须包含在根节点中。在<configuration>节点内部，添加了两个配置节：<appSettings>和<connectionStrings>，这两个配置节都可以完成数据库连接字符串的配置工作，两者任选其一即可，这里为了说明完整性，故两个配置节都进行了配置。

对于<appSettings>配置节主要使用的是其<add>子节点，在这个节点中需要指定两个属性，即 key 和 value。key 用来指定该配置项的名称，一个<appSettings>配置节可以有多个<add>子节点，为了能够区分这些子节点，要求其 key 值必须唯一。value 用来设定连接字符串。对于<connectionStrings>配置节，使用的也是其<add>子节点，其 name 属性和<appSettings>配置项的 key 属性作用一样，要求也一样，connectionString 属性则和 value 属性一样。

配置文件设置完毕后，需要在程序中将其读取出来。首先需要添加对 System.Configuration 名称空间的引用，该名称空间的作用是提供对配置文件操作的类。

```
using System.Configuration;
```

如果使用的是<appSettings>配置节，则可以直接在程序中读取使用。

```
string conStr = ConfigurationSettings.AppSettings["SQL"];
```

在这段代码中使用了 ConfigurationSettings 类，其作用是读取配置文件中的内容，通过它的 AppSettings 属性类访问配置文件的<appSettings>配置节。由于<appSettings>配置节可以有多个<add>子节点，因此在程序中需要指明读取的是哪个节点的内容，方式是在中括号里添加 key 的值。

实际使用中会发现，上面代码在 VS 2010 中会产生一个警告，原因是从.NET 2.0 之后，相关的操作已经改由 ConfigurationManager 类完成，上面的操作方式过时了。ConfigurationManager 类提供了对客户端应用程序配置文件的访问，使用它除需要添加对 System.Configuration 名称空间的引用外，还需要添加对 System.Configuration.dll 程序集的引用。该方式并不复杂，即在项目上右击，在弹出的快捷菜单中选择"添加引用（F）…"选项，或者在项目中的"引用"文件夹上右击，弹出快捷菜单，选择"添加引用（F）…"选项，如图 7-12 所示。

这时会打开"添加引用"对话框，可以看到选项卡控件中包含".NET"、"COM"、"项目"、"浏览"和"最近"五个选项卡，这里选择".NET"选项卡，在其中的列表框中找到"System.Configuration"，然后单击"确定"按钮即可，如图 7-13 所示。

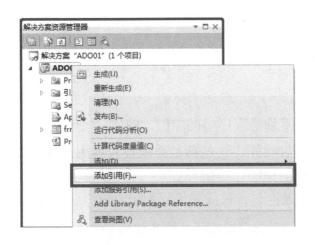
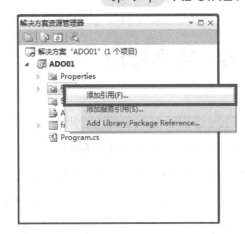

（a）方法一　　　　　　　　　　　　（b）方法二

图 7-12　添加引用

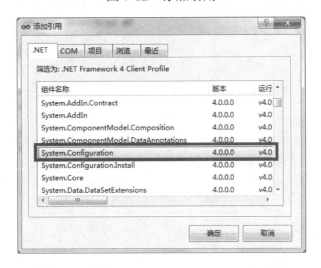

图 7-13　添加 System.Configuration 程序集

这样即可使用 ConfigurationManager 类来完成对配置文件的读取工作。

```
//读取<appSettings>配置节
string appStr = ConfigurationManager.AppSettings["SQL"];

//读取<connectionStrings>配置节
string conStr = ConfigurationManager.ConnectionStrings["SQL"].
ConnectionString;
```

在这段代码中可以看到，ConfigurationManager 类的使用方式和 ConfigurationSettings 类的使用方式基本一样，都是通过属性来访问配置文件的。它们的区别在于 ConfigurationManager 类能够通过 AppSettings 属性和 ConnectionStrings 属性分别访问<appSettings>配置节和<connectionStrings>配置节，而 ConfigurationSettings 类只能够通过 AppSettings 属性访问<appSettings>配置节。

有了配置文件和 ConfigurationManager 类的帮助，就可以将连接字符串放置到配置文件中了。因为配置文件是纯文本的，因此用户可以借助任何文本编辑器进行修改，而程序可以做到完全和连接字符串无关，这样既保证了连接字符串的灵活性，又减少了程序员的工作量。

# 7.4  异常处理

在编码过程中总会发生一些错误，尽管并不总是程序员的原因，例如，代码没有读取文件的许可，或者连接数据库时数据库服务并没有启动等，这些都是系统设置或用户使用的问题，但是只要存在这种可能，程序员必须能够处理出现的任何错误。

事实上，只要程序出现了异常，系统都会产生并且反馈相应的错误信息，而程序员要做的就是捕获这些错误信息，并且使程序通过一个安全的通道退出，并采取相应的应对措施。C#语言为用户提供了最佳的异常处理机制。

为了在 C#代码中处理可能出现的错误情况，一般会把程序分成三种类型的块，其语法格式如下。

```
try
{
    //可能发生异常的程序代码块
}
catch (Exception ex)
{
    //处理异常的代码块，若异常不被处理，则程序会中止
}
[finally
{
    //是否发生异常，均要执行的代码块
}]
```

try 块包含的代码组成了程序的正常操作部分，但是这部分程序可能会遇到某些严重的错误。catch 块包含的代码用于处理各种错误情况，这些错误是执行 try 块中代码时遇到的，此块可以用于记录错误。finally 块包含的代码用于清理资源或执行通常要在 try 块或 catch 块末尾执行的其他操作，如关闭数据库连接等。无论是否产生异常，都会执行 finally 块，这一点非常重要。因为 finally 块包含了总是需要执行的清理代码，如果在 finally 块中放置了 return 语句，则编译器会标记一个错误。finally 块是可选的，如果不需要可以不写。

有了 try 块结构，可以将上面连接数据库的代码重新组织编写如下。

```
SqlConnection conn = new SqlConnection();

try
{
    string conStr = ConfigurationManager.ConnectionStrings["SQL"].
ConnectionString;
    conn. ConnectionString = conStr;
conn.Open();
    MessageBox.Show("连接成功！", "系统提示");
}
catch (Exception ex)
{
    MessageBox.Show(ex.Message, "系统提示");
```

```
    }
    finally
    {
        conn.Close();
    }
```

在这段代码中，首先创建了一个 SqlConnection 连接，但是并没有对它做过多的操作，也没有将这一行代码放入 try 块中，因为它出错的可能性几乎为零。在 try 块中，通过 ConfigurationManager 类从配置文件中读取连接字符串，然后将其赋给连接对象的 ConnectionString 属性，再调用 Open()方法打开连接。如果没有发生异常，则通过一个消息框通知用户。

如果程序发生了异常，则程序会来到 catch 块，在这里使用了 Exception 类，它是进行异常处理过程中经常会使用的一个类。在 C#中，当出现某个异常时，系统会创建一个 Exception 类型的异常对象，这个对象包含有助于跟踪问题的信息，通过 Message 属性可以查看这些信息。例如，如果代码发生异常，则会提示出错，如图 7-14 所示。

图 7-14　发生异常

实际上 try 块的结构还有如下四种变体。

① 可以省略 finally 块，因为它是可选的。

② 可以提供任意多个 catch 块，处理不同类型的错误。但不应该包含过多的 catch 块，以防降低应用程序的性能。

③ 可以省略 catch 块，此时该语法不用于标识异常，而用于确保程序流在离开 try 块后执行 finally 块中的代码。

④ try 块中的语句不应当过多，因为要进行安全性检测，过多的语句会降低应用程序的性能。

# 7.5　using 语句

如何确保连接被关闭了呢？事实上，并不是所有的程序员都会记得 close 语句，忘记关闭数据库连接可能会导致.NET 可执行程序出现的各种问题。此时可以使用 using 语句。using 语句的作用就是自动释放对象所占用的资源。

```
    using(创建对象)
    {
        //程序代码
    }
```

可以看到，对象是在 using 语句后的圆括号内被创建的，这样在整个 using 结构中都可以使用该对象，当执行到 using 结构的末尾时，系统会自动释放该对象所占用的系统资源。使用这个结构，可以对连接对象做最后的修改。

```
string conStr = ConfigurationManager.ConnectionStrings["SQL"].Connection
String;
    using (SqlConnection conn = new SqlConnection(conStr))
    {
    try
    {
    conn.Open();
        MessageBox.Show("连接成功！", "连接数据库");
    }
    catch (Exception ex)
    {
    MessageBox.Show(ex.Message, "系统提示");
    }
    }
```

在这段代码中，首先通过 ConfigurationManager 类从配置文件中将连接字符串读取到程序中，然后在 using 语句中创建了 SqlConnection 对象。这里依然采用了 try 块的结构，因为 using 语句只是释放对象，并不能处理异常，但是已去掉了 finally 块，因为有 using 语句后不再需要调用连接对象的 Close()方法。

本章是 ADO.NET 学习的开始，除要知道 ADO.NET 的历史外，还要重点理解 ADO.NET 的组成和各个核心组件的大致作用，这是后面所有学习的基础。

在使用 ADO.NET 操作数据库时，连接是第一个要完成的工作，只有正确连接数据库服务器才能够做其他操作。本章以 SqlConnection 对象为例，讲解了连接对象的创建过程及其常用的属性和方法。通过对连接池的介绍，可了解连接对象更深层次的内容。

一个好的应用程序需要有足够的灵活性、容错性和自清洁能力。通过配置文件使连接对象变得更加灵活，通过异常处理机制使程序具备了一定的容错能力，并且通过 using 对象具备了自动释放资源的能力。

# 上机操作 7

上机阶段（25 分钟内完成）

上机目的：创建系统需要的数据库和数据表，掌握 Connection 对象的使用方法。

上机要求：在大部分的 MIS 中需要包含权限管理的内容，即对系统中的用户设定不同的访问权限，用户只能够使用自己权限范围内的功能，而管理员可以根据实际需要设定或更改用户所具有的权限。

一般来说，权限管理包括角色、用户和功能三个主要对象。角色是每个用户所具有的身份，如校长、经理等。用户是系统中的具体操作者或使用者，如张飞、Tom 等。功能用来描述系统中的具体操作，如查看订单、增加学员等。用户属于某一个角色，而角色又和具体功能连接在一起。例如，经理有使用查看报表的权限，而张飞属于经理角色，因此张飞可以查看报表。

相对来说，权限管理是比较独立的，而且不同的系统之间差别不是很大，因此可以将这一部分单独制作成一个通用的系统。当制作某一个具体的 MIS 时，只要将现成的权限管理模块连接到系统中即可实现权限管理。

从本章开始，上机操作将制作一个完整的权限管理系统，通过这个系统不但可以了解权限管理的相关业务，还可以熟悉 ADO.NET 各个对象的使用。要制作的权限管理系统并不复杂，整个系统包括五张数据表，分别是用户信息表（User）、角色信息表（Role）、功能信息表（Module）、用户角色关系表（UserRole）和角色功能关系表（RoleModule）。表 7-6～表 7-10 列出了这些数据表的详细说明。

表 7-6  User

| 字 段 名 称 | 类　型 | 长　度 | 说　明 |
| --- | --- | --- | --- |
| UserID | int | 4 | 用户编号，主键，自动增长 |
| UserName | nvarchar | 16 | 用户名，非空，唯一 |
| Password | nvarchar | 64 | 密码，非空 |
| AddedBy | nvarchar | 16 | 添加者 |
| AddedDate | nvarchar | 16 | 添加日期 |
| cName | nvarchar | 16 | 中文名称，非空 |

表 7-7  Role

| 字 段 名 称 | 类　型 | 长　度 | 说　明 |
| --- | --- | --- | --- |
| RoleID | int | 4 | 角色编号，主键，自动增长 |
| RoleName | nvarchar | 32 | 角色名称，非空，唯一 |
| AddedBy | nvarchar | 16 | 添加者 |
| AddedDate | nvarchar | 16 | 添加日期 |
| cDemo | nvarchar | 512 | 角色说明 |

表 7-8  Module

| 字 段 名 称 | 类　型 | 长　度 | 说　明 |
| --- | --- | --- | --- |
| ModuleID | int | 4 | 功能编号，主键，自动增长 |
| cName | nvarchar | 64 | 功能名称，非空 |
| FormName | nvarchar | 256 | 窗体名称 |
| ParentID | int | 4 | 上级功能编号 |
| AddedBy | nvarchar | 16 | 添加者 |
| AddedDate | nvarchar | 16 | 添加日期 |

表 7-9　UserRole

| 字 段 名 称 | 类 型 | 长 度 | 说 明 |
|---|---|---|---|
| ID | int | 4 | 用户角色编号，主键，自动增长 |
| RoleID | int | 4 | 角色编号，非空 |
| UserID | int | 4 | 用户编号，非空 |

表 7-10　RoleModule

| 字 段 名 称 | 类 型 | 长 度 | 说 明 |
|---|---|---|---|
| ID | int | 4 | 角色功能编号，主键，自动增长 |
| RoleID | int | 4 | 角色编号，非空 |
| ModuleID | int | 4 | 功能编号，非空 |
| IsAdd | bit | 1 | 是否允许添加操作 |
| IsUpdate | bit | 1 | 是否允许修改操作 |
| IsDelete | bit | 1 | 是否允许删除操作 |

本次上机的第一个任务就是按照表中的要求创建权限管理数据库，数据库命名为 Perm。

**实现步骤**

**步骤 1：**打开 SQL Server 2008。

**步骤 2：**按要求用代码的方式创建 Perm 数据库。

**步骤 3：**按要求用代码的方式创建 Perm 中的数据表。

**步骤 4：**保存并运行上述代码。

**步骤 5：**在 VS 2010 中创建 Windows 应用程序 Perm，在默认窗体中编写代码并测试数据库连接。

# 课后实践 7

## 1．选择题

（1）在 ADO.NET 中，下列可以获得只读/只进数据的组件是（　　）（选 1 项）。

    A．DataSet

    B．Command

    C．DataReader

    D．DataAdapter

（2）Connection 对象是 ADO.NET 中最重要的组件，用于指定连接数据库时需要的详细信息，在使用的连接字符串中（　　）表示将要连接的数据库名称（选 1 项）。

    A．DataBase

B．Server

C．UserId

D．Password

（3）用 SqlConnection 连接数据库时，连接字符串中的 Server 表示（　　）（选 1 项）。

A．数据库

B．账号

C．密码

D．服务器

（4）SqlConnection 对象的（　　）方法用于打开连接（选 1 项）。

A．Close

B．DataBase

C．Open

D．Items

（5）下列.NET 语句中正确创建了一个与 SQL Server 2008 数据库连接的是（　　）（选 1 项）。

A．SqlConnection con1 = new Connection("Data Source = localhost; Integrated Security =SSPI;Initial Catalog = myDB;");

B．SqlConnection con1 = new SqlConnection("Data Source = myDB; Integrated Security =SSPI;Initial Catalog =localhost;");

C．SqlConnection con1 = new SqlConnection("Data Source = localhost; Integrated Security =SSPI; Initial Catalog = myDB;");

D．SqlConnection con1 = new OleDbConnection("Data Source = localhost; Integrated Security= SSPI; Initial Catalog = myDB;");

## 2．代码题

（1）写出读取配置文件的核心代码。

（2）写出创建 SqlConnection 对象的核心代码，要求通过配置文件读取连接字符串，能够进行异常处理，并可自动释放资源。

# 第 8 章

# ADO.NET（二）

## 8.1 概述

通过 Connection 对象创建数据库连接后，就与数据库之间建立了操作通道，可以向数据库下达各种操作指令，这个工作主要由 Command 对象完成。通过 Command 对象，可以对数据库执行 SQL 语句或调用存储过程，从数据库中获得用户想要的数据，也可以将用户获得的数据存放到数据库中。

**本章主要内容：**

① 掌握 Command 对象的常用属性和方法；
② 熟练使用 Command 对象操作数据库；
③ 熟练使用 Command 对象调用存储过程；
④ 熟练使用 DataReader 对象。

## 8.2 Command 对象

在 ADO.NET 中，Command 对象是一个非常重要的组成部分，虽然它的功能看起来非常简单，即向数据下达操作指令，但其涉及的内容非常庞大。可以将诸如创建数据库或查询数据这样的指令以字符串的方式交给 Command 对象执行，也可以通过它直接调用数据库中已经存在的存储过程。Command 对象属于.NET Framework 数据提供程序，不同的数据提供程序有自己的 Command 对象，用于 OLE DB 的是 OleDbCommand 对象，而用于 SQL Server 的是 SqlCommand 对象，这里以 SqlCommand 对象为例来认识 Command 对象。

## 8.2.1 简介

通过 4 种方式可以创建 SqlCommand 对象，如表 8-1 中所示。

表 8-1 SqlCommand 对象的构造

| 构　　造 | 说　　明 |
|---|---|
| SqlCommand() | 创建 SqlCommand 类的新实例 |
| SqlCommand(String) | 用查询文本创建 SqlCommand 类的新实例 |
| SqlCommand(String,SqlConnection) | 创建具有查询文本和连接对象的 SqlCommand 类的新实例 |
| SqlCommand(String,SqlConnection,SqlTransaction) | 使用查询文本、连接对象及事务对象来创建 SqlCommand 类的新实例 |

一般来说，常用的是第三种方式，即

```
string conStr = "server=.;initial catalog=MyFilm;integrated
security=SSPI;";
string sql = "select * from Film";

SqlConnection conn = new SqlConnection(conStr);
conn.Open();

SqlCommand cm = new SqlCommand(sql,conn);
```

在这段代码中，首先声明了两个字符串变量，分别用来保存数据库连接字符串和 SQL 查询语句。然后创建了一个 SqlConnection 对象，用来建立数据库连接并通过其 Open()方法打开连接，这一点非常重要，Command 对象在使用时需要一个打开的连接，因此在使用 Command 对象之前一定要调用 Connection 对象的 Open()方法。最后创建了一个 SqlCommand 对象，并将 SQL 查询语句和 Connection 对象作为参数传递到 Command 对象的构造中。

现在已经创建了一个可用的 Command 对象，但是要完成具体的操作，还要使用其提供的各种属性和方法，下面将进行详细介绍。

## 8.2.2 常用属性

作为数据库操作的主要对象，SqlCommand 对象提供了很多属性来帮助用户完成各种数据库操作，其常用属性如表 8-2 所示。

表 8-2 SqlCommand 对象的常用属性

| 属　　性 | 说　　明 |
|---|---|
| CommandText | 获取或设置要对数据源执行的 Transact-SQL 语句、表名或存储过程 |
| CommandType | 获取或设置一个值，该值指示 Command 对象的操作类型。CommandType 属性可取的值如下。<br>Text：SQL 文本命令（默认）。<br>StoredProcedure：存储过程的名称。<br>TableDirect：表的名称（SqlCommand 不支持） |

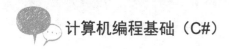

计算机编程基础（C#）

续表

| 属　　性 | 说　　明 |
|---|---|
| Connection | 获取或设置 SqlCommand 对象所使用的 SqlConnection 对象 |
| Parameters | 获取 Sqlcommand 对象的参数 |
| Transaction | 获取或设置将在 SqlCommand 对象中执行的 SqlTransaction 对象 |

可以采用属性赋值的方式创建 SqlCommand 对象，虽然代码有改动，但效果是一样的。

```
string conStr = "server=.;initial catalog=MyFilm;integrated
security=SSPI;";
string sql = "select * from Film";
SqlConnection conn = new SqlConnection(conStr);
conn.Open();

SqlCommand cm = new SqlCommand();
cm.Connection = conn;
cm.CommandText = sql;
```

也可以执行存储过程，即

```
string conStr = "server=.;initial catalog=MyFilm;integrated
security=SSPI;";
string sql = "p_SelectFilm";

SqlConnection conn = new SqlConnection(conStr);
conn.Open();

SqlCommand cm = new SqlCommand();
cm.Connection = conn;
cm.CommandText = sql;
cm.CommandType = CommandType.StoredProcedure;
```

仔细观察会发现执行存储过程和执行 SQL 语句并没有太大的区别，只是 CommandText 属性的值不是 SQL 语句而是存储过程的名称；另外，需要指定 CommandType 属性的值为 StoredProcedure。

### 8.2.3　常用方法

除了常用的属性，SqlCommand 对象还提供了很多方法，表 8-3 列出了其常用方法。

表 8-3　SqlCommand 对象的常用方法

| 方　　法 | 说　　明 |
|---|---|
| ExecuteNonQuery() | 执行 SQL 语句并返回受影响的行数 |
| ExecuteReader() | 执行 SQL 语句并返回一个 SqlDataReader 对象 |
| ExecuteScalar() | 执行 SQL 语句并返回查询结果的第一行、第一列的值，忽略其他列或行的值 |

这里以音像店管理程序为例，详细探讨这几个方法的使用。

#### 1. ExecuteNonQuery()方法

ExecuteNonQuery()方法可以执行 SQL 语句并返回受影响的行数，它一般用于执行 Insert、

Update 和 Delete 类型的操作，通过对其返回值的判断可以知道执行的结果。

```
    string conStr = "server=.;initial catalog=MyFilm;integrated security=
SSPI;";
    string sql = "insert into FilmType(Name,Desc) ";
    sql += "values('国产电视剧','大陆拍摄的电视剧')";

    SqlConnection conn = new SqlConnection(conStr);
    conn.Open();

    SqlCommand cm = new SqlCommand(sql, conn);
    int count = cm.ExecuteNonQuery();

    if(count > 0)
        MessageBox.Show("添加成功! ");
```

在这段代码中，首先声明了两个字符串变量，一个用来保存数据库连接字符串，另一个保存了一条 insert 语句，用来向 FilmType 表中添加一条记录。随后创建了 SqlConnection 对象并打开连接，在创建 SqlCommand 对象时，将 SQL 语句和 SqlConnection 对象作为参数传递给其构造函数，然后调用 Command 对象的 ExecuteNonQuery()方法执行 SQL 语句，并将返回值赋给一个整型变量 count，最后通过判断 count 是否大于零可以知道是否成功执行。

### 2．ExecuteReader()方法

ExecuteReader()方法可以执行 SQL 语句并返回一个 DataReader 对象，返回的对象可以用于遍历返回的记录，该方法一般用于指定 Select 类型的操作。

```
    string conStr = "server=.;initial catalog=MyFilm;integrated security=
SSPI;";
    string sql = "select * from Film";

    SqlConnection conn = new SqlConnection(conStr);
    conn.Open();

    SqlCommand cm = new SqlCommand(sql, conn);
    SqlDataReader dr = cm.ExecuteReader();

    //DataReader处理程序
    …
```

这段代码和 ExecuteNonQuery()方法代码的处理流程基本上是一样的，同样是两个字符串类型的变量，分别保存着连接字符串和 SQL 语句，只是这里将 SQL 语句改为了一个 select 语句，用于查找所有的电影信息。Command 对象的创建过程也一样，不同之处在于，通过调用 ExecuteReader()方法返回了一个 SqlDataReader 对象。DataReader 对象的相关知识会在后面详细介绍，因此这里并没有给出 DataReader 处理程序。

### 3．ExecuteScalar()方法

ExecuteScalar()方法也可以用来执行 Select 类型的操作，但是它只能返回查询结果首行首

列的值，因此该方法一般用于验证类型的操作和聚合操作。

```
    string conStr = "server=.;initial catalog=MyFilm;integrated security=
SSPI;";
    string sql = "select count(*) from Film";

    SqlConnection conn = new SqlConnection(conStr);
    conn.Open();

    SqlCommand cm = new SqlCommand(sql, conn);
    int count = (int)cm.ExecuteScalar();

    MessageBox.Show("共有" + count + "部电影！", "系统提示");
```

在这段代码中，其他操作没有太大的变化，而 SQL 语句则变成了使用 count()聚合函数查询电影数量的操作。因为 ExecuteScalar()方法并不能够确认查询的结果是什么类型的值，因此其返回是一个 object 类型的值，还需要进行一次类型转换，将查询结果转换成整型后才能够输出。这里需要注意，ExecuteScalar()方法执行的 SQL 语句并不都能得到想要的结果，因此在进行类型转换时很容易出错。

# 8.3  用户注册

下面通过制作音像店管理程序来学习 Command 对象。

## 8.3.1  问题

在音像店管理程序中，用户需要先注册一个账号才能够使用系统，因此这里从用户注册开始，其运行界面如图 8-1 所示。

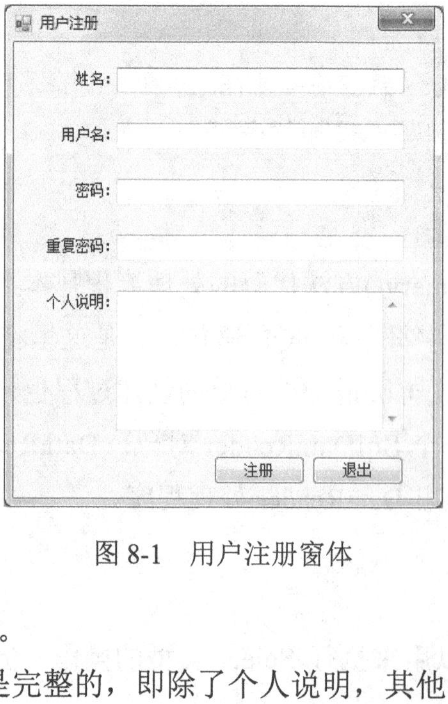

图 8-1  用户注册窗体

针对该窗体，有如下需求。

① 用户输入的信息必须是完整的，即除了个人说明，其他信息必须提供。

② 必须有完整的信息反馈，即无论用户做什么操作，或者操作的结果怎样，都必须在系统中有明确的和完整的信息反馈给用户。例如，注册成功后需要给用户相应的提示等。

③ 如果用户注册成功或选择退出，则程序进入登录页面；如果用户注册失败，则返回该页面以方便用户继续完成注册工作。

事实上，用户注册的核心操作就是将用户输入的信息保存到数据库中，围绕着此核心操作还有很多其他操作需要一起完成。

## 8.3.2 需求分析

### 1. 界面设计

因为该窗体及其使用的控件在前面的课程中都已经学习过，所以这里不再详细讲解，界面元素说明如表 8-4 所示。

表 8-4 界面元素说明

| 界 面 元 素 | 类 型 | 属 性 设 置 |
|---|---|---|
| 窗体 | Form | Name 值为 frmUserRegist，StartPosition 值为 CenterScreen，MaximizeBox 值为 False，MinimizeBox 值为 False，FormBorderStyle 值为 FixedSingle，Text 值为用户注册 |
| 姓名： | Label | Name 值为 lblName，Text 值为姓名： |
| 用户名： | Label | Name 值为 lblUserName，Text 值为用户名： |
| 密码： | Label | Name 值为 lblPwd，Text 值为密码： |
| 重复密码： | Label | Name 值为 lblRePwd，Text 值为重复密码： |
| 个人说明： | Label | Name 值为 lblDesc，Text 值为个人说明： |
| 姓名输入框 | TextBox | Name 值为 txtName |
| 用户名输入框 | TextBox | Name 值为 txtUserName，MaxLength 值为 8 |
| 密码输入框 | TextBox | Name 值为 txtPwd，MaxLength 值为 8，PasswordChar 值为* |
| 重复密码输入框 | TextBox | Name 值为 txtRePwd，MaxLength 值为 8，PasswordChar 值为* |
| 个人说明输入框 | TextBox | Name 值为 txtDesc，MultiLine 值为 True，ScrollBars 值为 Vertical |
| 注册 | Button | Name 值为 btnRegist，Text 值为注册 |
| 退出 | Button | Name 值为 btnExit，Text 值为退出 |

### 2. 信息验证

为了保证进入数据库中的数据是完整的，必须进行数据完整性的验证。数据验证可以在前端页面中完成，也可以在后台程序中完成，甚至可以在数据库中完成。具体采用哪种方式需要根据实际情况来选择，因为每种方式都有其特点。

① 前端验证速度快，实现简单，可以充分利用客户端资源，但是数据在传输的过程中有可能会因为干扰而发生变化，造成数据完整性缺失。

② 后台程序验证可以避免数据在传输过程中遇到的干扰问题，但是会占用服务器资源。

③ 数据库验证可以最大限度地保证数据完整性，但是占用数据库，影响系统的整体执行

效率。

在音像店管理程序中选择前端验证，这样可以最大限度地使用客户端的资源。验证的过程并不复杂，将数据从相应的控件中提取出来即可根据需要进行验证。例如，验证用户的姓名不能为空，代码如下。

```
string name = txtName.Text.Trim();

if (string.IsNullOrEmpty(name))
{
    MessageBox.Show("用户姓名不能为空！", "系统提示");
    return;
}
```

在这段代码中，首先通过一个赋值语句将文本框中的数据提取出来，并放置到一个字符串变量中，这里用到了 Trim()方法，它的作用是去除字符串两端的空格。用户在录入信息时可能会输入一些空格，虽然这种情况很少见，但是必须考虑到其发生的可能，如果不做处理而直接放入数据库中，那么将来在进行用户名比对查找时有可能找不到，因为"张飞　"和"张飞"显然是不一样的两个字符串。

在后面的 if 结构中用到了 string 类的 IsNullOrEmpty()，该方法的作用是判断给定的字符串类型参数是否为空或 null。如果该方法返回 True，则说明字符串为 null 或空字符串（""），这明显和系统的要求不相符，因此需要通过 MessageBox 给用户一个明确的反馈，这时程序已经没有继续执行后面操作的必要了，可使用 return 语句退出当前的执行过程。其他验证过程基本一样。

```
string name = txtName.Text.Trim();

if (string.IsNullOrEmpty(name))
{
    MessageBox.Show("用户姓名不能为空！", "系统提示");
    return;
}

string uid = txtUserName.Text.Trim();

if (string.IsNullOrEmpty(uid))
{
    MessageBox.Show("用户名不能为空！", "系统提示");
    return;
}

string pwd = txtPwd.Text;

if (string.IsNullOrEmpty(pwd))
{
    MessageBox.Show("密码不能为空！", "系统提示");
    return;
}
```

```
    string rePwd = txtRePwd.Text;

    if (string.IsNullOrEmpty(rePwd))
    {
        MessageBox.Show("重复密码不能为空！", "系统提示");
        return;
    }

    if (pwd != rePwd)
    {
        MessageBox.Show("两次密码必须相同！", "系统提示");
        return;
    }
```

在这段代码中只有密码部分发生了一些变化，没有用到 Trim() 方法，原因是空格可以作为密码的一部分存在。

### 3. 保存数据

通过信息验证之后，可以进行下一步操作：完成注册，即将用户输入的数据放入数据库中。事实上，通过上面的学习可以发现，只要合成一条 insert 语句，并将其交给 Command 对象执行即可。

```
    string sql = "insert into [User]([Name],UserName,[Password],TypeID,
[Desc],[State])";
    sql += " values('" + name + "','" + uid + "','" + pwd + "',1,'" + txtDesc.Text
+ "',0)";

    SqlCommand cm = new SqlCommand(sql, conn);
    int count = cm.ExecuteNonQuery();
```

显然，操作的难点在于 SQL 语句的合成。首先，整条语句中有多个 SQL Server 中的关键字，如 user、password 等，这些关键字都需要放在 "[]" 中，否则执行会报错。其次，User 表共有 7 个字段，有些需要用户提供信息，如 Name、UserName 等，有些则可以直接采用默认值或已知的值，如 State、TypeID 等。最后，这些字段的类型不一样，因此在合成语句时要注意单引号 "'" 的使用。刚开始接触这样的操作时很容易产生错误，因此需要多加练习。

## 8.3.3 MD5 加密

整个程序编写至此似乎已经完成了，但是仔细观察后会发现还有一些地方不完善。首先，密码是以明码方式存放在数据库中的。

这个问题处理起来比较简单，只需要将密码进行加密后存放到数据库中即可。具体加密的方式有很多，可以使用系统提供的一些加密方式，如 MD5、SHA 等，也可以自己设计一个加密算法。这里采用了常见的 MD5 加密方式，首先引入一个新的名称空间。

```
using System.Security.Cryptography;
```

该名称空间可提供加密服务，包括安全的数据编码和解码，以及其他操作，如散列法、随机数字生成和消息身份验证等。

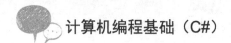
然后通过以下代码完成数据的加密操作。

```
MD5CryptoServiceProvider md5 = new MD5CryptoServiceProvider();
byte[] bytes = System.Text.Encoding.UTF8.GetBytes(pwd);
bytes = md5.ComputeHash(bytes);
pwd = BitConverter.ToString(bytes);
```

在这段代码中，首先创建了一个 MD5CryptoServiceProvider 类的对象 md5，该类使用加密服务提供程序（Cryptographic Service Provider，CSP）实现对输入数据的 MD5 加密操作。随后，将用户输入的密码转换成一个 byte[]数组，并且通过 md5 对象的 ComputeHash()方法完成加密操作。最后，将加密后的 byte[]数组转换成一个字符串。

整个 MD5 加密是一个复杂的过程，涉及了数据结构和算法的相关知识，其内容已经超出了本书讨论的范围，因此这里只提供实现过程，不详细讲解原理，有兴趣的读者可以自行查阅相关资料。

经过上面的操作后，用户输入的密码会被转换成一个没有意义的字符串，从而达到保密的效果，可以通过图 8-2 查看其效果。

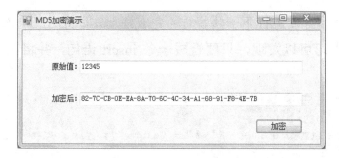

图 8-2　MD5 加密

### 8.3.4　Parameter

请读者思考一下，当一个用户输入如图 8-3 所示的内容后会怎样呢？

图 8-3　SQL 注入

要注意"姓名:"文本框中输入的内容，将其提取出来后再合成 SQL 语句将会得到如下的

insert 语句。

```
insert into [User]([Name],UserName,[Password],TypeID,[Desc],[State])
values('tom')--','tom','123',1,'SQL注入',0)
```

显然，这是一条无法正确执行的语句，即程序执行到这里会崩溃，这种问题称为 SQL 注入。所谓 SQL 注入，就是通过把 SQL 命令插入提交的信息中，最终达到欺骗服务器执行恶意的 SQL 命令的目的。当应用程序使用输入内容来构造动态 SQL 语句以访问数据库时，会发生 SQL 注入。如果应用程序使用特权过高的账户连接数据库，则这种问题就会变得很严重。

防止 SQL 注入的方式有很多，比较常见的是将拼接式的 SQL 语句转换成参数化的 SQL 语句，如将刚才的 insert 语句修改如下。

```
string sql = "insert into [User]([Name],UserName,[Password],TypeID,[Desc],
[State])";
    sql += " values(@name,@userName,@password,1,@desc,0)";
```

经过这样的修改后，SQL 语句不经过拼装，也就不存在 SQL 注入的问题了。但是如何将用户输入的信息传递到 SQL 语句中呢？这里需要借助一个新的对象来完成此工作，即 Parameter。

Parameter 对象通过提供类型检查和验证，将用户提供的值以命令对象参数的方式传递给 SQL 语句或存储过程。与命令文本不同，采用 Parameter 参数输入的值被视为文本值，而不是可执行代码。这样可帮助抵御 SQL 注入攻击。参数化命令还可提高查询执行性能，因为它们可帮助数据库服务器将传入的命令与适当的缓存查询计划进行准确匹配。除具备安全和性能优势外，参数化命令还提供了一种用于组织传递到数据源值的更便捷的方法。

和其他 ADO.NET 组件一样，Parameter 对象也会根据提供程序的不同分为不同的 Parameter 对象，用于 OLE DB 的是 OleDbParameter 对象，而用于 SQL Server 的是 SqlParameter 对象，这里依然以 SqlParameter 对象为例来认识 Parameter 对象。

可以通过使用其构造函数来创建 SqlParameter 对象，虽然它提供了 7 个不同的构造函数，但是常用的只有 4 个，如表 8-5 所示。

表 8-5　SqlParameter 对象的常用构造函数

| 构 造 函 数 | 说　　明 |
| --- | --- |
| SqlParameter() | 创建 SqlParameter 类的新实例 |
| SqlParameter(String, SqlDbType) | 用参数名称和数据类型创建 SqlParameter 类的新实例 |
| SqlParameter(String, Object) | 用参数名称和一个值创建 SqlParameter 类的新实例 |
| SqlParameter(String, SqlDbType, Int32) | 用参数名称、数据类型和大小创建 SqlParameter 类的新实例 |

创建好的 SqlParameter 对象需要根据使用构造的不同设置相应的属性，常用属性如表 8-6 所示。

表 8-6　SqlParameter 对象的常用属性

| 属　　性 | 说　　明 |
| --- | --- |
| Direction | 获取或设置一个值，该值指示参数是只输入、只输出、双向还是存储过程返回值参数 |
| ParameterName | 获取或设置参数的名称 |
| Size | 获取或设置列中数据的最大值 |

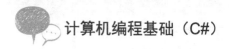

| 属　　性 | 说　　明 |
|---|---|
| SqlDbType | 获取或设置参数的数据类型 |
| Value | 获取或设置该参数的值 |

例如，用 SqlParameter 对象来设置前面 SQL 语句中的参数代码如下。

```
SqlParameter spName = new SqlParameter();
spName.ParameterName = "@Name";
spName.SqlDbType = SqlDbType.NVarChar;
spName.Size = 16;
spName.Value = name;

SqlParameter spUserName = new SqlParameter("@userName", SqlDbType.NVar
Char);
spUserName.Size = 8;
spUserName.Value = uid;

SqlParameter spPassword = new SqlParameter("@password", pwd);

SqlParameter spDesc = new SqlParameter("@desc", SqlDbType.NVarChar, 256);
spDesc.Value = txtDesc.Text;
```

这里分别采用了四种构造来创建 SqlParameter 对象，可以看到第三种方式最简单，而第一种方式最清晰易懂，具体采用哪种方式并没有限制，可以根据个人喜好选择。不论采用哪种方式创建 SqlParameter 对象，最后都需要添加到 Command 对象的参数列表中。

```
cm.Parameters.Add(spName);
cm.Parameters.Add(spUserName);
cm.Parameters.Add(spPassword);
cm.Parameters.Add(spDesc);
```

这样创建的 SqlParameter 对象才能够和 SqlCommand 对象建立关系，SqlCommand 对象可以通过 SqlParameter 对象读取用户输入的值并完成数据库操作。当然，也可对上面的代码进行简化操作，直接通过 SqlCommand 对象 Parameters 属性的 Add()方法来完成。

```
cm.Parameters.Add(new SqlParameter("@name",name));
cm.Parameters.Add(new SqlParameter("@userName", uid));
cm.Parameters.Add(new SqlParameter("@password", pwd));
cm.Parameters.Add(new SqlParameter("@desc", txtDesc.Text));
```

其实现的效果是一样的，只是更加简洁。

采用 SqlParameter 对象传递参数后，如果再次执行如图 8-3 所示的 SQL 注入会有什么效果呢？这时尽管用户在"姓名"文本框中输入的是 SQL 命令的一部分，但是 SqlParameter 对象并不会对它做任何解释，而是将其直接作为一个字符串存入数据库中，如图 8-4 所示。

图 8-4　成功添加数据

虽然这并不能完全使用户满意，但至少面对 SQL 注入时不会出现崩溃的情况，如果要完全避免 SQL 注入，则需要对用户输入的信息进行更加详细和严格的验证，如对单引号"'"和减号"-"进行验证和转换等。

## 8.3.5  调用存储过程

完成此程序的最后一个问题是灵活性，如果用户的数据库表发生了变化，如增加了一个字段，或者字段的名称发生了变化，则必须修改源代码，否则程序肯定会出现问题。但是，用户又确实有修改数据库的需求，这该怎么操作呢？

事实上，深入分析后会发现问题的根源在于数据库发生变化后，程序中的 SQL 操作语句也会随之变化，这样会导致程序的改变，如果能够将程序中的 SQL 语句移除，然后将程序与数据库之间的操作接口固定下来，这个问题即可得到解决。

存储过程自然是承担这个任务的不二选择，它能够将 SQL 语句封装起来，然后通过名称将它们公开出来供程序使用，只要存储过程的名称和参数列表不变，其内部的 SQL 语句怎样变化都不会影响程序。例如，可以先将用户注册的 SQL 语句放置到一个存储过程中。

```
--以下代码在SQL Server 2008中执行
create proc p_InsertUser
(
@name nvarchar(16),
@userName nvarchar(8),
@password nvarchar(64),
@desc nvarchar(256)
)
as
insert into [User]([Name],UserName,[Password],TypeID,[Desc],[State])
values (@name,@userName,@password,1,@desc,0)
```

然后将程序略做修改，直接调用该存储过程。

```
SqlCommand cm = new SqlCommand("p_InsertUser", conn);
cm.CommandType = CommandType.StoredProcedure;

cm.Parameters.Add(new SqlParameter("@name",name));
cm.Parameters.Add(new SqlParameter("@userName", uid));
cm.Parameters.Add(new SqlParameter("@password", pwd));
cm.Parameters.Add(new SqlParameter("@desc", txtDesc.Text));

int count = cm.ExecuteNonQuery();
```

可以看到，在创建 SqlCommand 对象时，不再是 SQL 语句而是刚才创建存储过程的名称。当然，这里需要再次强调，要将 SqlCommand 对象的 CommandType 属性设置为 CommandType.StoredProcedure，以明确告知系统程序是在调用一个存储过程，否则系统将按照 SQL 语句的方式执行代码。

上面的代码对于一般只包含输入参数的存储过程来说已经足够了，但是如果是包含输出参数的存储过程又该如何使用呢？在 SQL Server 2008 中，存储过程的输出参数是需要使用一个变量来读取的，ADO.NET 中的操作思路基本也是如此，只是通过 Parameter 对象的 Direction 属性来实现。例如，可以将上面的存储过程稍加修改，使用户完成注册后能够知道自己是第几

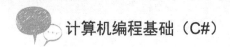

位注册账号的用户。

```
--以下代码在SQL Server 2008中执行
create proc p_InsertUser
(
@name nvarchar(16),
@userName nvarchar(8),
@password nvarchar(64),
@desc nvarchar(256),
@number int output
)
as
insert into [User]([Name],UserName,[Password],TypeID,[Desc],[State])
values (@name,@userName,@password,1,@desc,0)

select @number = COUNT(*) from [User]
```

实际上存储过程并没有大的改变，只是增加了一个输出参数，在完成添加后将会查询总注册用户的数量并赋值给输出参数。需要在程序中做相应的变化，即

```
SqlCommand cm = new SqlCommand("p_InsertUser", conn);
cm.CommandType = CommandType.StoredProcedure;

cm.Parameters.Add(new SqlParameter("@name",name));
cm.Parameters.Add(new SqlParameter("@userName", uid));
cm.Parameters.Add(new SqlParameter("@password", pwd));
cm.Parameters.Add(new SqlParameter("@desc", txtDesc.Text));

SqlParameter spNumber = new SqlParameter("@number", SqlDbType.Int);
spNumber.Direction = ParameterDirection.Output;
cm.Parameters.Add(spNumber);

int count = cm.ExecuteNonQuery();
int number = (int)spNumber.Value;
```

代码同样没有大的改变，只是增加了一个 SqlParameter 对象的 spNumber 对象。值得注意的是，因为 spNumber 对象是用来操作输出参数的，因此需要设定其 Direction 属性为 ParameterDirection.Output。ParameterDirection 有如下 4 个取值参数。

① Input：输入参数。

② Output：输出参数。

③ InputOutput：既是输入参数，也是输出参数。

④ ReturnValue：表示诸如存储过程、内置函数或用户自定义函数之类操作的返回值。

这里选择 Output，这样通过 spNumber 对象的 Value 属性可以读取存储过程中输出参数的值，因为该属性是一个 object 类型的值，所以这里需要做一个简单的类型转换，将其转换成整型并保存在一个变量中。

### 8.3.6 实现用户注册

在完成了上述一系列的深化处理后，再加上已学习的 Connection 对象的相关知识，就可以完成用户注册功能，其运行效果如图 8-5 所示。

图 8-5　用户注册

完整的用户注册代码如下。

```
//信息验证
if (string.IsNullOrEmpty(txtName.Text.Trim()))
{
MessageBox.Show("用户姓名不能为空！", "系统提示");
return;
}

if (string.IsNullOrEmpty(txtUserName.Text.Trim()))
{
MessageBox.Show("用户名不能为空！", "系统提示");
return;
}

if (string.IsNullOrEmpty(txtPwd.Text))
{
MessageBox.Show("密码不能为空！", "系统提示");
return;
}

if (string.IsNullOrEmpty(txtRePwd.Text))
{
MessageBox.Show("重复密码不能为空！", "系统提示");
return;
}

if (txtPwd.Text != txtRePwd.Text)
{
MessageBox.Show("两次密码必须相同！", "系统提示");
return;
}

//对密码进行加密
MD5CryptoServiceProvider md5 = new MD5CryptoServiceProvider();
byte[] bytes = System.Text.Encoding.UTF8.GetBytes(txtPwd.Text);
```

```
    bytes = md5.ComputeHash(bytes);

    //读取连接字符串
    string conStr = ConfigurationManager.ConnectionStrings["SQL"].Connection
String;

    //完成注册操作
    using (SqlConnection conn = new SqlConnection(conStr))
    {
    //创建Command对象
    SqlCommand cm = new SqlCommand("p_InsertUser", conn);
    cm.CommandType = CommandType.StoredProcedure;

        //设置参数
        cm.Parameters.Add(new SqlParameter("@name", txtName.Text. Trim()));
        cm.Parameters.Add(new SqlParameter("@userName", txtUserName.Text.
Trim()));
        cm.Parameters.Add(new SqlParameter("@password", BitConverter. ToString
(bytes)));
        cm.Parameters.Add(new SqlParameter("@desc", txtDesc.Text));

        SqlParameter spNumber = new SqlParameter("@number", SqlDbType.Int);
        spNumber.Direction = ParameterDirection.Output;
        cm.Parameters.Add(spNumber);

        try
    {
        //打开连接并执行操作
        conn.Open();
        int count = cm.ExecuteNonQuery();
        int number = (int)spNumber.Value;

        if (count > 0)
          MessageBox.Show("注册成功！您是第" + number + "位会员！", "系统提示");
        else
            MessageBox.Show("注册失败！请检查您的信息后再注册！", "系统提示！");
    }
    catch (Exception ex)
    {
        MessageBox.Show(ex.Message, "系统提示");
    }
    finally
    {
        cm.Dispose();
    }
    }
```

虽然代码很多，但是大部分在前面讲解过了，这里只进行一些细微调整。首先，不再用变量读取用户输入的值，而是直接访问控件的属性。其次，数据库连接字符串改为从配置文件读取。最后，通过 using 结构来管理 Connection 对象。

这里需要注意的是，finally 块中 Command 对象的 Dispose()方法，它用来释放对象占用的系统资源，尽管不进行这样的处理，系统也会自动回收相应的资源，但是主动完成这个过程，其效率会更高一些。

# 8.4 DataReader 对象

除向数据库写入信息外，还需要从数据库中读取信息，这个工作 Command 对象无法单独完成，还需要 DataReader 对象的配合。

## 8.4.1 简介

DataReader 对象的作用是以流的方式从数据源读数据，但是在读取时只能以进入的方式读取，并且一次只能够读取一行数据。例如，数据源中有 10 条数据，它只能从前往后读取，如果读取了第 5 条数据后再想查看第 1 条数据，则只能重新创建 DataReader 对象。另外，该对象只能读取数据，即它是只读的，如果要修改数据，则不能够使用 DataReader 对象。

DataReader 对象的这种读取方式使其具有很多有趣的特性。首先，DataReader 对象读取数据的操作是一个持续过程，因此为它提供连接服务的 Connection 对象就无法再执行其他操作，除非将 DataReader 对象关闭，否则这个状态会一直持续。其次，DataReader 对象并不关心数据行的多少，因为它一次只能读取一行，因此它非常适合进行大数据的读取，这对于开发大型 MIS 系统尤其重要。

DataReader 对象也会根据提供程序的不同而有所区别，用于 OLE DB 的是 OleDbDataReader 对象，而用于 SQL Server 的是 SqlDataReader 对象，这里同样以 SqlDataReader 对象为例来学习。

创建 SqlDataReader 对象必须调用 SqlCommand 对象的 ExecuteReader()方法，而不是使用其构造函数，因为它根本就没有定义构造函数。

```
SqlDataReader dr = cm.ExecuteReader();
```

此时可以使用 Command 对象来完成 Select 类型的操作。

## 8.4.2 常用方法

SqlDataReader 对象是一个轻量级的数据读取对象，常用的方法有 Read()和 Close()。Read() 方法的作用是读取下一条记录，SqlDataReader 对象的默认位置在第一条记录前面。因此，必须调用 Read()方法来开始访问数据。该方法返回一个布尔值，以确定是否还存在数据行。Close() 方法用于关闭 SqlDataReader 对象，对于每个关联的 SqlConnection 对象，一次只能打开一个 SqlDataReader 对象，直到调用其 Close()方法之前，打开另一个对象的任何尝试都将失败，因此 SqlDataReader 对象在使用完毕后一定要关闭该方法。

```
while(dr.Read())
{
//读取数据
}
```

```
dr.Close();
```

由于 SqlDataReader 对象一次只能读取一行数据，因此在使用时一般和循环结构（尤其是 while 循环结构）配合使用，通过 Read()方法可以确定是否还有数据行读取，而在循环结构结束后关闭 SqlDataReader 对象。

循环结构中是读取数据的部分，尽管 SqlDataReader 对象提供了很多用来读取数据的方法，但是最常用的还是通过字段下标或字段名称来读取数据。

```
//下标读取
int id = (int)dr[0];
string name = (string)dr[1];
string uid = (string)dr[2];

//字段名称读取
int id = (int)dr["ID"];
string name = (string)dr["Name"];
string uid = (string)dr["UserName"];
```

无论采用哪种方式，"[]"中使用的下标或字段名称都是以 SQL 查询语句的执行结果为依据的，因此尽管两种方式的效果是一样的，但是显然通过字段名称来读取数据更安全。

# 8.5 用户登录

用户注册功能已完成，下面进行用户登录功能的设置。

## 8.5.1 问题

几乎所有的 MIS 系统都会有用户登录功能，其目的在于拦截非法用户的访问，在音像店管理程序中也有用户登录功能，其运行效果如图 8-6 所示。

图 8-6　用户登录

窗体看起来比较简单，其需求如下。

① 窗体的起始位置要求在屏幕中央，窗体无法最大化和最小化，也无法改变大小。

② 用户名和密码的长度都限制在 8 位或以下。

③ 单击"登录"按钮或按 Enter 键后开始验证用户信息，如果成功登录，则关闭该窗体，打开主窗体并且将用户信息传递到主窗体中；否则清空窗体信息，等待用户再次输入信息。

④ 单击"取消"按钮或按 Esc 键退出系统。

⑤ 单击"注册账户"链接后打开用户注册窗体。

## 8.5.2 需求分析

### 1. 界面设计

窗体界面元素如表 8-7 所示。

**表 8-7 界面元素**

| 界 面 元 素 | 类 型 | 属 性 设 置 |
|---|---|---|
| 窗体 | Form | Name 值为 frmLogin，Text 值为用户登录，StartPosition 值为 CenterScreen，MaximizeBox 值为 False，MinimizeBox 值为 False，FormBorderStyle 值为 FixedSingle，AcceptButton 值为 btnLogin，CancelButton 值为 btnCancel |
| 用户名： | Label | Name 值为 lblUid，Text 值为用户名： |
| 密码： | Label | Name 值为 lblPwd，Text 值为密码： |
| 用户名输入框 | TextBox | Name 值为 txtUid，MaxLength 值为 8 |
| 密码输入框 | TextBox | Name 值为 txtPwd，MaxLength 值为 8，PasswordChar 值为* |
| 注册账户 | LinkLabel | Name 值为 lblRegist，Text 值为注册账户，LinkArea 值为 0,4 |
| 找回密码 | LinkLabel | Name 值为 lblFindPwd，Text 值为找回密码，LinkArea 值为 0,4 |
| 登录 | Button | Name 值为 btnLogin，Text 值为登录 |
| 取消 | Button | Name 值为 btnCancel，Text 值为取消 |

### 2. LinkLabel

LinkLabel 是一个很有趣的控件，尽管它在外观上表现为超链接的样子，但在实际使用时和 Label 控件很相似，它的常用属性也是 Name 和 Text，分别用来设定 LinkLabel 控件的名称和文本内容。

但是，不同的外观决定了 LinkLabel 与 Label 之间的不同。首先 LinkLabel 多了一个 LinkArea 属性，该属性用来获取或设置文本中链接的范围。默认情况下，系统会将 LinkLabel 控件的 Text 属性全部设置为超链接，如果不需要这样设定，则可以在属性窗口中找到 LinkArea 属性，打开 LinkArea 编辑器，如图 8-7 所示。

打开 LinkArea 编辑器后，系统默认将整个文本内容设定为选中状态，可以选择需要设定为超链接的部分，单击"确定"按钮即可完成设置，设置前后的效果如图 8-8 所示。

图 8-7 LinkArea 编辑器

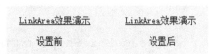

图 8-8 LinkArea 设置效果

计算机编程基础（C#）

另外，超链接是可以被单击的，因此 LinkLabel 控件提供了 LinkClicked 事件，即超链接被单击后所触发的事件，在这个事件的处理程序中可以对用户单击超链接做出响应。例如，在登录窗体上，如果用户单击了"注册账户"超链接，则需要将用户注册窗体打开。

### 3. 用户信息验证

在用户输入了用户名和密码后，需要将这些信息和数据库中的账户信息进行比较，以确认用户的身份，这个过程需要经过几个步骤来完成。首先，从配置文件中读取连接字符串。

```
//读取连接字符串
string conStr = ConfigurationManager.ConnectionStrings["SQL"].ConnectionString;
```

因为存放在数据库中的用户密码是经过加密处理的，所以需要对用户输入的密码进行加密，这样才能和密码进行比对。

```
//对密码进行加密
MD5CryptoServiceProvider md5 = new MD5CryptoServiceProvider();
byte[] bytes = System.Text.Encoding.UTF8.GetBytes(txtPwd.Text);
bytes = md5.ComputeHash(bytes);
string pwd = BitConverter.ToString(bytes);
```

既然要进行数据库操作，那么就需要进行数据库连接，这里依然使用 using 结构。

```
using (SqlConnection conn = new SqlConnection(conStr))
{
    //验证用户信息
}
```

下面使用 SqlCommand 对象和 SqlDataReader 对象来读取数据。

```
SqlCommand cm = new SqlCommand("select * from [User] where [UserName] = @uid", conn);
cm.Parameters.Add(new SqlParameter("@uid", txtUid.Text.Trim()));

conn.Open();
SqlDataReader dr = cm.ExecuteReader();
```

为了防止 SQL 注入，这里采用了带参数的 SQL 语句，在通过调用 SqlCommand 对象的 ExecuteReader()方法创建 SqlDataReader 对象后，可以借助于循环结构来遍历 SqlDataReader 对象。

```
while (dr.Read())
{
//验证用户信息
if (pwd == (string)dr["Password"])
{
frmFilmList fl = new frmFilmList();
    fl.Show();
    this.Hide();
    return;
    }
    else
    {
        MessageBox.Show("密码错误！请重新输入！", "系统提示");
        return;
    }
```

156

```
        }

    MessageBox.Show("用户名错误！请重新输入！", "系统提示");
```

在循环结构中只对密码进行了比对，因为在数据库中用户名是唯一的，所以不需要对用户名进行比对。如果用户输入的密码和数据库中的密码相匹配，则用户会通过身份验证，即成功登录，这时需要跳转到程序的主窗体，即影片的列表窗体，同时将登录窗体隐藏起来，因此可创建影片列表窗体的对象，并且调用其 Show() 方法打开，还可调用登录窗体的 Hide() 方法将其隐藏起来。这里 this 关键字指的是当前窗体，即登录窗体。如果用户未通过验证，则需要根据不同的情况给用户相应的提示。

### 8.5.3　对象封装

在前面的需求阶段曾经提到过，当用户验证通过后，除打开程序的主窗体外，还需要将用户的信息传递到主窗体中，窗体间的参数传递方法已学过，这里需要对这个操作做一些修改。

在前面的课程中我们在窗体间传递的都是单值，但是现在需要传递的是一个用户对象，如果还采用原来的方法，程序会变得冗余，而且无法体现出这些值之间的关系，因此需要将这些值整合起来，作为一个整体进行传递，为了完成此功能需要解决以下问题。

需要有一个类用来定义用户及其不同属性，这样可以将用户的相关信息整合到一个对象中，以方便传递。另外，这个类必须在解决方案中定义，这样在程序的任何地方都能访问到它。其实现方式并不复杂，在解决方案上右击，弹出快捷菜单，选择"添加（D）"→"类（C）..."选项即可，如图 8-9 所示。

图 8-9　添加类

在打开的添加新项对话框中选中类，在"名称（N）："文本框中输入类的名称，如图 8-10 所示。

图 8-10　添加新项

单击"添加（**A**）"按钮后，可以在解决方案中添加一个新的类，如图 8-11 所示。

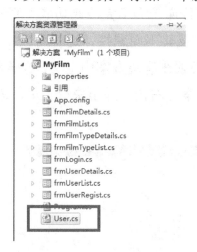

图 8-11　添加一个新类

下面为此类添加相应的代码。

```csharp
public class User
{
    //无参构造
    public User() { }

    //带参构造
public User(int id,string name,string userName,int typeID,string typeName,
string desc,int state)
    {
        this.ID = id;
        this.Name = name;
        this.UserName = userName;
        this.TypeID = typeID;
        this.TypeName = typeName;
```

```
        this.Desc = desc;
        this.State = state;
    }

    //属性定义
    public int ID { get; set; }
    public string Name { get; set; }
    public string UserName { get; set; }
    public int TypeID { get; set; }
    public string TypeName { get; set; }
    public string Desc { get; set; }
    public int State { get; set; }
}
```

这个简单的类包含了 7 个属性，属性用来说明用户信息，两个构造可以帮助开发人员创建用户对象。事实上，可以发现 User 类的属性构成和数据库中 User 表的字段基本一样，这是因为两者描述的是同一个对象，但是因为使用的目的不同，两者存在细微差别。例如，User 数据表因考虑了数据冗余问题，所以只包含 TypeID 属性；而 User 类为了使用方便包含了 TypeID 和 TypeName 属性。

定义了 User 类后，可以在程序中将从数据库中读取的数据封装成一个用户对象并使用。

```
User user = new User();
user.ID = (int)dr["ID"];
user.Name = (string)dr["Name"];
user.UserName = (string)dr["UserName"];
user.TypeID = (int)dr["TypeID"];
user.TypeName = (string)dr["TypeName"];
user.Desc = dr["Desc"] as string;
user.State = (int)dr["State"];
```

在上面的代码中需要注意对 Desc 属性赋值的过程，它和其他属性不同，采用了 as 关键字进行类型转换，主要用于在兼容的引用类型之间执行某些类型的转换。这里之所以采用 as 关键字是因为数据表中 Desc 字段可以为空，而 SQL Server 中的空和 C#中的空并不一样。在数据表中 Desc 字段为空，如果采用以前的转换方式就会出错，而使用 as 关键字就能够避免这个问题。

完成了对象封装后就可以制作完整的窗体跳转。

```
frmFilmList fl = new frmFilmList(user);
```

这里依然采用构造的方式将用户对象传递到影片列表窗体中。

### 8.5.4 实现用户登录

将已学习的 using 结构和 try 结构添加到程序中，最终完成用户登录的功能。

```
//读取连接字符串
string conStr = ConfigurationManager.ConnectionStrings["SQL"].ConnectionString;

//密码加密
MD5CryptoServiceProvider md5 = new MD5CryptoServiceProvider();
```

```
        byte[] bytes = System.Text.Encoding.UTF8.GetBytes(txtPwd.Text);
        bytes = md5.ComputeHash(bytes);
        string pwd = BitConverter.ToString(bytes);

        using (SqlConnection conn = new SqlConnection(conStr))
        {
        //设置Command对象
        SqlDataReader dr = null;
        SqlCommand cm = new SqlCommand("select * from vw_User where [UserName] =
@uid", conn);
            cm.Parameters.Add(new SqlParameter("@uid", txtUid.Text.Trim()));

            try
            {
                //打开连接并读取数据
                conn.Open();

                //读取数据
                dr = cm.ExecuteReader();

                while (dr.Read())
                {
                    //验证用户信息
                    if (txtUid.Text.Trim() == (string)dr["UserName"])
                    {
                        if (pwd == (string)dr["Password"])
                        {
                            //对象封装
                            User user = new User();
                            user.ID = (int)dr["ID"];
                            user.Name = (string)dr["Name"];
                            user.UserName = (string)dr["UserName"];
                            user.TypeID = (int)dr["TypeID"];
                            user.TypeName = (string)dr["TypeName"];
                            user.Desc = dr["Desc"] as string;
                            user.State = (int)dr["State"];

                            //窗体跳转和传参
                            frmFilmList fl = new frmFilmList(user);
                            fl.Show();
                            this.Hide();
                            return;
                        }
                        else
                        {
                            MessageBox.Show("密码错误！请重新输入！", "系统提示");
                            return;
                        }
                    }
                }
```

```
        MessageBox.Show("用户名错误！请重新输入！", "系统提示");
    }
    catch (Exception ex)
    {
        MessageBox.Show(ex.Message, "系统提示");
    }
    finally
    {
        dr.Close();
    }
}
```

在上面的代码中，首先从配置文件中将数据库连接字符串读取到程序，然后通过 MD5 对用户输入的密码进行加密，再使用 using 结构创建 SqlConnection 对象以确保当程序结束后能够及时关闭。在 using 结构中，声明了一个空的 SqlDataReader 对象，因为如果将它放到 try 结构的 try 块中，finally 块就无法定位到该对象，所以将它放到 try 结构之外声明。SqlCommand 对象在创建时使用的依然是带参数的 SQL 语句，只是操作的不再是 User 数据表而是一个视图，因为数据需要从 User 和 UserType 两张表中提取。在打开连接和读取数据后，将用户数据封装到一个 User 对象中，并完成了窗体的跳转和参数的传递。在操作过程中发生任何错误，都可以通过 try 结构进行异常捕获，并交给 catch 结构处理，最后在 finally 结构中关闭 SqlDataReader 对象。

本章主要讲解了 Command 对象和 DataReader 对象的使用方法。

Command 对象在 ADO.NET 中承担着向数据库下达命令的功能。在实际应用的过程中，通过它的 CommandText 属性可以设置所要执行的 SQL 语句或存储过程的名称。根据命令类型的不同，需要调用 Command 对象的不同方法。

DataReader 对象是 ADO.NET 中一个轻量级的数据读取对象，它能够通过 Command 对象从数据库中读取一个单向只读的数据流。DataReader 对象在执行操作的过程中需要一个持续的连接，对于大数据的读取非常有用。

# 上机操作 8

总目标：

① 掌握 Connection 对象的使用。

② 掌握 Command 对象的使用。

③ 掌握 DataReader 对象的使用。

**上机阶段一（35 分钟内完成）**

上机目的：掌握 Connection 对象、Command 对象和 DataReader 对象的使用方法。

上机要求：权限管理在用户进入系统时需要对用户的身份进行验证，因此本次上机的第一个任务是创建登录窗体，其运行效果如图 8-12 所示。

图 8-12　用户登录窗体

具体要求如下。

① 窗体起始位于屏幕中央，无法最大化和最小化，也无法改变大小。

② 窗体默认的确认按钮是"登录"按钮，取消按钮是"退出"按钮。

③ 用户名和密码的输入框限制最大长度为 8 位。

④ 登录成功后跳转到主窗体并将用户信息传递到主窗体中。

⑤ 必须使用配置文件、using 结构，并且程序必须包含异常处理和相应的注释。

**实现步骤**

**步骤 1：** 创建 Perm 项目，并在其中添加新窗体 frmLogin，按要求设计窗体。

**步骤 2：** 在项目中添加配置文件和 System.configuration 程序集，并设置相应的配置信息。

**步骤 3：** 按要求实现"登录"按钮的功能。

**步骤 4：** 运行并测试效果。

**上机阶段二（40 分钟内完成）**

上机目的：掌握 Connection 对象、Command 对象和 DataReader 对象的使用方法。

上机要求：由于权限管理的特殊性，其用户的增加不能通过注册完成，而需要管理员来添加，因此本次上机的第二个任务是在成功登录系统后添加新用户，其运行效果如图 8-13 所示。

图 8-13　添加新用户

具体要求如下。

① 窗体起始位于屏幕中央，无法最大化和最小化，也无法改变大小。

② 窗体默认的确认按钮是"保存"按钮，取消按钮是"关闭"按钮。

③ 用户名和密码的输入框限制最大长度为 8 位，密码需要进行加密处理。

④ 必须使用配置文件、using 结构，并且程序必须包含异常处理和相应的注释。

⑤ 保存成功后关闭该窗体，返回主窗体。保存成功后需要给出相应的说明。

⑥ 单击"关闭"按钮，关闭该窗体返回主窗体。

**实现步骤**

**步骤 1：** 在 Perm 项目中添加新窗体 frmAddUser，按要求设计窗体。

**步骤 2：** 在主窗体中添加按钮"增加新用户"，单击该按钮后打开 frmAddUser 窗体并将登录用户信息传递到该窗体中。

**步骤 3：** 按要求实现"保存"按钮的功能。

**步骤 4：** 按要求实现"关闭"按钮的功能。

**步骤 5：** 运行并测试效果。

# 课后实践 8

## 1．选择题

（1）Command 对象属于 ADO.NET 中的（　　　）（选 1 项）。

    A．数据提供程序

    B．数据集

    C．以上都是

    D．以上都不是

（2）在.NET 中可利用 Command 对象来执行增、删、查、改的 SQL 语句（　　　）（选 1 项）。

    A．错

    B．对

（3）Command 对象的（　　　）属性可设置 Command 对象要执行命令的类型（选 1 项）。

    A．Connection

    B．CommandText

    C．CommandType

    D．CommandTimeOut

（4）通常使用 Command 对象的（　　　）方法来执行删除语句（选 1 项）。

    A．ExecuteNonQuery()

    B．ExecuteReader()

    C．ExecuteScalar()

    D．以上都可以

（5）Command 对象的（　　　）方法用于返回结果集中的首行首列（选 1 项）。

    A．ExecuteNonQuery()

    B．ExecuteReader()

    C．ExecuteScalar()

    D．以上都可以

## 2．代码题

（1）在用户注册时需要对用户名进行唯一性验证，即将用户输入的信息放到数据库中进行检验，以确定是否存在相同的数据，请写出其相应的代码。

（2）写出创建 SqlCommand 对象的核心代码（至少三种方式）。

（3）编写代码统计出电影信息表中电影光盘的数量、最贵电影光盘的价格、最便宜电影光盘的价格和所有电影光盘的平均价格。

# 第 9 章

# ADO.NET（三）

## 9.1 概述

在所有基于数据库的应用系统中，查询是一项非常重要的操作，也是软件开发需要重点研究的内容，简单来说查询需要做两件事情：提取数据和展示数据。在 ADO.NET 中 DataAdapter 组件和 DataSet 组件的主要工作是提取数据，本章将详细讲解这两个组件。

**本章主要内容**

① 熟练掌握 DataSet 组件；
② 熟练掌握 DataAdapter 组件。

## 9.2 DataSet 组件

DataSet 组件是 ADO.NET 的一个重要组成部分，它是数据的脱机容器，承担着数据的中间存储工作。DataSet 组件并不直接和数据库连接，因此它的数据不一定来源于数据库，而可以有很多不同的来源，甚至可以直接从测量设备中读取。

一个 DataSet 组件由一组数据表（DataTable 对象）组成，而每个 DataTable 对象又是由若干个 DataColumn 对象和 DataRow 对象组成的，如图 9-1 所示。

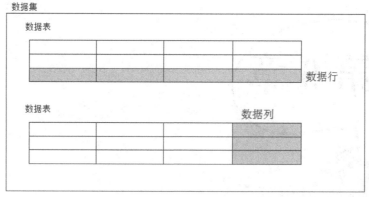

图 9-1　DataSet 组件结构

可以看到其结构和数据库中的数据表非常相似。除定义数据外，还可以在 DataSet 组件中定义表之间的链接，即数据库中常用的主/从表。DataSet 组件的常用对象如表 9-1 所示。

表 9-1　DataSet 组件的常用对象

| 对　　象 | 说　　明 |
| --- | --- |
| DataSet | 表示数据在内存中的缓存 |
| DataTable | 表示内存中数据的一个表 |
| DataColumn | 表示 DataTable 对象中列的架构 |
| DataRow | 表示 DataTable 对象中的一行数据 |
| DataRelation | 表示两个 DataTable 对象之间的主/从关系 |
| DataView | 表示用于排序、筛选、搜索、编辑和导航的 DataTable 对象的自定义视图 |

可以直接通过构造来创建 DataSet 对象，即

```
DataSet ds = new DataSet();

DataSet ds = new DataSet("myds");
```

这里分别采用 DataSet 组件的两个构造来创建对象，这两种方式没有太大的区别，只是第二种方式的 DataSet 对象多了一个"myds"的别称而已。

和数据库一样，DataSet 对象本身并不能够用来存储数据，真正承担这个工作的是 DataTable 对象，下面将详细讲解 DataTable 对象。

### 9.2.1　DataTable 对象

DataTable 对象类似于 SQL Server 2008 中的数据库表，它由一组包含特定属性的列组成，可能包含 0 行或多行数据。和数据库表一样，DataTable 对象也可以定义由一个列或多个列组成的主键，列上也可以包含约束。这些信息对应的通用术语为 DataTable 对象的架构。整个 DataTable 对象可以访问的对象如图 9-2 所示。

在 C#中，创建 DataTable 对象有如下两种方式。

```
DataTable dt1 = new DataTable();
DataTable dt2 = new DataTable("myTab");
```

这两种方式没有本质上的区别，只是 dt2 对象在具体使用时会更方便。当然，现在 DataTable

对象依然无法存储数据，因为它还没有结构，要设定 DataTable 对象的结构，就需要用到 DataColumn 对象。

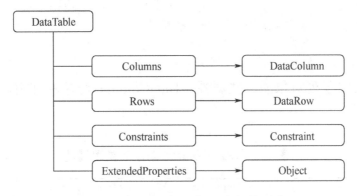

图 9-2　DataTable 对象可访问的对象

## 9.2.2　DataColumn 对象

DataColumn 对象定义了 DataTable 对象中某列的属性，如该列的数据类型、是否为只读及其他属性。可以在代码中创建列，也可以由 ADO.NET 组件自动生成。在创建列时，给它指定一个名称很有用，否则运行库会为该列生成一个名称，其格式是 Column(n)，其中 n 是一个从 0 开始的递增数字。

列的数据类型可以在构造函数中提供，也可以通过设置其 DataType 属性指定。

```
DataColumn dc1 = new DataColumn("ID", typeof(int));

DataColumn dc2 = new DataColumn("Name");
dc2.DataType = System.Type.GetType("string");
```

在这段代码中，分别采用两种方式创建 DataColumn 对象。第一种方式向构造传递两个参数：一个是字符串类型的字段名称；另一个是 typeof 结构，该结构的作用是将某个数据类型转换为 System.Type 对象，即系统能够识别的类型对象。第二种方式是通过构造为 DataColumn 对象指定名称，然后通过其 DataType 属性设置其数据类型。System.Type.GetType()方法的作用是将某个数据类型转换成 System.Type 对象。需要说明的是，无论是 typeof 结构还是 GetType() 方法，它们都涉及反射的相关知识，已经超出了现在讨论的范围，因此这里只需要知道其如何使用即可。

一旦将 DataColumn 对象的数据类型加载到数据表中，就不能再改变列的数据类型，否则系统会报错。表 9-2 列出了可以包含在 DataColumn 对象中的数据类型。

表 9-2　DataColumn 对象可用的数据类型

| 数 据 类 型 | 数 据 类 型 | 数 据 类 型 | 数 据 类 型 |
| --- | --- | --- | --- |
| Boolean | Decimal | Int64 | TimeSpan |
| Byte | Double | Sbyte | UInt16 |
| Char | Int16 | Single | UInt32 |
| DateTime | Int32 | String | UInt64 |

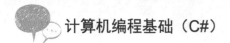

只要创建了 DataColumn 对象，就可以设置其相关属性，如是否为空，是否只读，或者设置默认值等。

```
DataColumn dc1 = new DataColumn("ID", typeof(int));
dc1.AllowDBNull = false;    //是否为空
dc1.ReadOnly = false;     //是否只读
dc1.DefaultValue = 1;     //默认值为1
```

在这段代码中设定了列对象的一些属性。DataColumn 对象的常用属性及其说明如表 9-3 所示。

表 9-3　DataColumn 对象的常用属性

| 属　　性 | 说　　明 |
| --- | --- |
| AllowDBNull | 是否允许为空，如果为 True，则该列可以设置为 DBNull |
| AutoIncrement | 指定该列的值自动生成一个递增的数字 |
| AutoIncrementSeed | 定义 AutoIncrement 列最初的种子值 |
| AutoIncrementStep | 定义自动生成列值之间的递增量，默认值为 1 |
| ColumnName | 列名，如果没有在构造函数中设置，则由运行库自动生成列名 |
| DataType | 定义列的 System.Type 值 |
| DefaultValue | 定义列的默认值 |

通过 DataColumn 对象可以设定 DataTable 对象的结构，然后向表中存储数据，这时就要用到 DataRow（数据行）对象。

### 9.2.3　DataRow 对象

DataRow 对象是构成 DataTable 对象的另一个重要部分，它的主要任务是负责具体的数据存储工作。尽管可以通过 new 关键字来创建 DataRow 对象，但是这样创建的行对象并没有结构，就像没有经过格式化的磁盘一样无法使用，因此在实际开发中一般需要通过 DataTable 对象来创建 DataRow 对象。

```
DataRow dr = dt.NewRow();
```

这样创建的 DataRow 对象具有和 DataTable 对象一样的结构，即如果 DataTable 对象是由 ID 和 Name 两个列组成的，则 DataRow 对象也具有两个单元格，可以通过下面的代码来存取数据。

```
//赋值
dr[0] = 1;
dr[1] = "Tom";

dr["ID"] = 2;
dr["Name"] = "Jessica";

//取值
int id = (int)ds.Tables["myTab"].Rows[1]["ID"];
string name = (string)ds.Tables["myTab"].Rows[1]["Name"];
```

赋值可以通过列的下标或列名称来完成，无论采用哪种方式都需要注意数据类型。取值相对来说比较复杂，首先，需要定位数据所在的数据表，可以使用下标或名称的方式访问数据集的 Tables 属性来实现。其次，需要通过行与列找到要访问的数据，可以通过访问 Rows 属性来实现。事实上，图 9-1 的 DataSet 组件结构说明 DataTable 对象实际上和前面学习过的二维数据非常相似，因此访问 Rows 属性时也需要提供两个信息：行下标和列下标/名称。在上面的代码中，Rows 属性后第一个中括号内给出的就是行下标，因为要访问的数据位于表的第二行，所以中括号中的下标为 1。Rows 后面第二个中括号内给出的是列的下标或列名，为了安全，这里给出的是列名。

# 9.3　架构的生成

任何一个 DataSet 组件在使用时都需要设置 DataTable 对象的结构。在 C#中创建 DataTable 对象结构的方式有很多种，常用的两种是编写代码创建和运行库自动生成。

## 9.3.1　编写代码创建组件

使用代码创建 DataSet 对象时需要经过几个步骤。首先，创建一个 DataSet 对象，即

```
DataSet ds = new DataSet();

DataSet ds = new DataSet("myds");
```

前面已介绍过这两行代码，这里不再赘述。创建数据集后，继续创建 DataTable 对象。

```
DataTable dt1 = new DataTable();
…
ds.Tables.Add(dt1);

DataTable dt2 = new DataTable("myTab");
…
ds.Tables.Add(dt2);
```

这里采用了两种方式创建 DataTable 对象，它们的区别在于，第二种方式在创建对象的同时向构造中传递了一个字符串类型的参数，即对象的名称。这两种方式创建的对象没有任何区别，但是在使用时会有所不同，如果要访问第一个 DataTable 对象，则需要这样编写：

```
ds.Tables[0];
```

因为第一个 DataTable 对象在创建时只有对象名，所以只能够通过其在 DataSet 组件中的下标来访问。而第二个 DataTable 对象可以这样访问：

```
ds.Tables["myTab"];
```

显然，创建时其传递的字符串名称起了关键的作用，它可以很方便地找到需要的 DataTable 对象。事实上，在实际开发中会选择使用第二种方式，因为有时候甚至连程序员自己都不知道 DataSet 组件中有多少个 DataTable 对象，此时用下标访问会很不安全，而用名称访问则相对安全得多。

另外，需要注意的是，这两种方式的最后都调用了数据集 Tables 属性的 Add()方法，这是因为创建的两个 DataTable 对象实际上和数据集都没有关系，而通过调用这个方法，数据集对

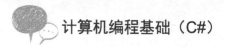

象才能够管理数据表对象。

虽然现在 DataSet 组件中已经有了 DataTable 对象，但是它仍然不能存放数据，因为 DataTable 对象没有结构，还需要为表创建结构，也就是向表中添加列。

```
DataColumn dc = new DataColumn("ID", typeof(int));
dt.Columns.Add(dc);

dt.Columns.Add(new DataColumn("Name",typeof(string)));

dt.Columns.Add("Phone", typeof(string));
```

在这段代码中分别采用三种方式向 DataTable 对象中添加列。第一种方式，先创建一个 DataColumn 对象，然后将其添加到 DataTable 对象中；第二种方式，直接创建 DataColumn 对象并完成添加；第三种方式，只给出列的名称和类型。和刚才一样，无论采用哪种方式创建 DataColumn 对象，都需要通过数据表 Columns 属性的 Add()方法将其添加到数据表的 Columns 属性中，才能够真正完成数据表结构的设置。

这时数据表已经有了 ID、Name 和 Phone 三个字段，就可以向数据表中添加数据了。

```
DataRow dr1 = dt.NewRow();
dr1[0] = 1;
dr1[1] = "Bell";
dr1[2] = "13546372958";
dt.Rows.Add(dr1);

DataRow dr2 = dt.NewRow();
dr2["ID"] = 2;
dr2["Name"] = "Jessica";
dr2["Phone"] = "13828976310";
dt.Rows.Add(dr2);
```

我们依然采用两种方式添加数据行，前面讲过数据行对象不能直接通过 new 关键字创建，而需要通过 DataTable 对象的 NewRow()方法来创建，这样 DataRow 对象就会具有和 DataTable 对象一样的列结构。向行中赋值有两种方式：下标和列名。两种方式没有区别，但是第二种方式更加安全。

到此，采用代码的方式创建了一个由两行三列组成的数据集对象，尽管在实际开发中很少采用这种方式来创建和使用数据集对象，但是这个过程可以很好地帮助读者了解和认识数据集的结构。

### 9.3.2  DataAdapter 填充 DataSet 组件

在 ADO.NET 中，DataAdapter（数据适配器）的作用是检索和保存数据，在使用的过程中它一般与 Connection 对象和 Command 对象一起使用，以便连接到相应的数据库并完成指定的操作。另一方面，DataAdapter 组件本身并不具备保存数据的能力，因此它需要和 DataSet 组件配合使用，才能够临时存储数据，并提供操作数据的接口。

DataAdapter 组件无疑是 ADO.NET 中一个非常特殊的对象，它就像一座桥梁，一边连接着存储数据的数据库，另一边连接着作为临时数据存储对象的 DataSet。它能够根据 SQL 语句从数据库中提取数据，也能够将更改后的数据更新到数据库中。

　　DataAdapter 组件属于.NET Framework 数据提供程序,不同的数据提供程序有自己的对象，用于 OLE DB 的是 OleDbDataAdapter 对象，而用于 SQL Server 的是 SqlDataAdapter 对象，这里以 SqlDataAdapter 对象为例来认识 DataAdapter 对象。

　　有四种方式可以创建 SqlDataReader 对象，如表 9-4 所示。

表 9-4　创建 SqlDataReader 对象

| 构　　造 | 说　　明 |
| --- | --- |
| SqlDataAdapter() | 创建一个 SqlDataAdapter 类的新实例 |
| SqlDataAdapter(SqlCommand) | 用指定的 SqlCommand 创建 SqlDataAdapter 类的新实例 |
| SqlDataAdapter(string, SqlConnection) | 用 SelectCommand 和 SqlConnection 创建一个 SqlDataAdapter 类的新实例 |
| SqlDataAdapter(String, String) | 用 SelectCommand 和一个连接字符串创建一个 SqlDataAdapter 类的新实例 |

　　第三种方式使用的比较多，即

```
string conn = ConfigurationManager.ConnectionStrings["SQL"].
ConnectionString;
SqlConnection cn = new SqlConnection(conn);

string sql = "select * from Film";
SqlDataAdapter da = new SqlDataAdapter(sql, cn);
```

　　在这段代码中先要创建一个 SqlConnection 对象，因为在 ADO.NET 中一切操作都是以连接为基础的，然后创建了一个 SqlDataReader 对象，并且将一个 select 查询语句和已经创建好的 SqlConnection 对象作为参数传递到它的构造函数中。

　　创建 SqlDataAdapter 对象后，可以使用其提供的属性和方法来完成需要的操作，表 9-5 列出了 SqlDataAdapter 对象的常用属性。

表 9-5　SqlDataAdapter 对象的常用属性

| 属　　性 | 说　　明 |
| --- | --- |
| SelectCommand | 获取或设置一个 SQL 语句或存储过程，用于在数据源中选择记录 |
| InsertCommand | 获取或设置一个 SQL 语句或存储过程，用于在数据源中插入新记录 |
| UpdateCommand | 获取或设置一个 SQL 语句或存储过程，用于更新数据源中的记录 |
| DeleteCommand | 获取或设置一个 SQL 语句或存储过程，用于从数据集删除记录 |

　　事实上，这四个属性都是 SqlCommand 类型的，因此它们的使用方式和 Sqlcommand 对象类似。

```
string sql = "select Count(*) from Film where [Name] like '%@name%' and
actors like '%@actors%'";
SqlCommand cm = new SqlCommand(sql,cn);

cm.Parameters.Add("@name", txtName.Text.Trim());
cm.Parameters.Add("@actors", txtActors.Text);

SqlDataAdapter da = new SqlDataAdapter();
```

```
    da.SelectCommand = cm;

    cn.Open();
    int i = (int)da.SelectCommand.ExecuteScalar();
```

通过上面这段代码可以发现，SqlDataAdapter 对象的 SelectCommand 属性实际上是一个 SqlCommand 对象，相应地，其他属性的使用方式也是相似的。但是这样操作和直接使用 SqlCommand 对象并没有区别，而且也没有用到 SqlDataAdapter 对象的特性，因此一般不这样使用，而是通过 SqlDataAdapter 对象提供的方法来完成操作，常用的方法有如下两个。

① Fill()：使用 select 语句从数据源中检索数据。

② Update()：使用 SQL 语句将数据集中的数据更新到数据源中。

当需要从数据库中检索数据时，可以使用 Fill()方法，这时与 Select 命令关联的 SqlConnection 对象必须有效，但不需要将其打开。如果调用 Fill()方法之前 SqlConnection 对象已关闭，则要先将其打开以检索数据，然后将其关闭。如果调用 Fill()方法之前连接已打开，它将保持打开状态。

```
    string sql = "select * from [User]";
    SqlDataAdapter da = new SqlDataAdapter(sql,cn);
    DataSet ds = new DataSet();
    da.Fill(ds);
```

这里创建了一个 SqlDataAdapter 对象，并且通过一条查询语句从数据库中查询数据，然后将结果使用 Fill()方法填充到一个数据集对象中。如果在填充数据时出现错误或异常，则错误发生之前添加的行将保留在数据集中，操作的剩余部分被中止。如果命令不返回任何行，则不向数据集中添加表，也不引发异常。如果 SqlDataAdapter 对象在填充数据表时遇到重复列，它将以"columnname1""columnname2""columnname3"…的模式命名后面的列。如果传入数据包含未命名的列，则它们将按"Column1""Column2"…的模式放在 DataSet 组件中。

当指定的查询返回多项结果时，每个返回查询行的结果集都会放置在单独的表中。将整数值追加到指定的表名从而对其他结果集进行命名，如 Table、Table1、Table2 等。如果某个查询不返回行，则不会为该查询创建表。因此，如果先处理一个插入查询，再处理一个选择查询，由于为选择查询创建的表是第一个表，所以该表将被命名为"Table"。使用列名和表名的应用程序应确保不会与这些命名模式发生冲突。

当用于填充 DataSet 的 select 语句返回多项结果时，如批处理 SQL 语句等，如果其中一项结果包含错误，则将跳过后面所有的结果并且不将它们添加到 DataSet 中。

当使用后面的 Fill()方法来刷新 DataSet 的内容时，必须满足以下两个条件。

① 该 SQL 语句应该与最初用来填充 DataSet 的语句匹配。

② 必须存在键列信息。

当需要将用户操作后的数据更新到数据库中时，可以使用 Update()方法。

```
    da.Update(ds);
```

当应用程序调用 Update()方法时，SqlDataAdapter 根据 DataSet 中配置的索引顺序为每一行检查 RowState 属性，并迭代执行所需的 insert 语句、update 语句或 delete 语句。例如，由于

DataTable 中行的排序，Update()可能先执行一个 delete 语句，再执行一个 insert 语句，然后执行另一个 DELETE 语句。应注意，这些语句并不作为批处理进程执行，其每一行都是单独更新的。在必须控制语句类型顺序的情况下（如 insert 语句在 update 语句之前），其应用程序可以调用 GetChanges()方法。

如果未指定 insert 语句、update 语句或 delete 语句，Update()方法会生成异常。如果设置.NET Framework 数据提供程序的 SelectCommand 属性，则可以创建 SqlCommandBuilder 对象或 OleDbCommandBuilder 对象来为单个表自动生成 SQL 语句。并且，CommandBuilder 对象将生成任何其他未设置的 SQL 语句。此生成逻辑要求 DataSet 中存在键列信息。

```
SqlCommandBuilder scb = new SqlCommandBuilder(da);
da.Update(ds);
```

在实际应用中，DataAdapter 对象多用于查询类型的操作，虽然它也具有其他类型数据操作的能力，但是因为其本身缺乏对数据完整性的验证能力，因此其他类型的操作大多借助 Command 对象来完成。

在大部分程序中，数据集在使用时是通过 DataAdapter 对象来填充的，通过 DataAdapter 对象的 Fill()方法，可以将数据源中的数据一次性填充到数据集中，此时数据集的结构和内容都由系统自动生成。

填充数据集有多种不同的方式，最直接的方式是不做任何设定，一切由系统来决定。

```
string conn = ConfigurationManager.ConnectionStrings["SQL"].
ConnectionString;
SqlConnection cn = new SqlConnection(conn);

string sql = "select * from Film";

SqlDataAdapter da = new SqlDataAdapter(sql,cn);
DataSet ds = new DataSet();

da.Fill(ds);
```

这段代码没有做其他设置，仅仅是连接数据库后读取 Film 数据表中的所有数据，然后通过 DataAdapter 对象的 Fill()方法将读取的数据填充到一个数据集中。因为程序员只提供了一些对象，所以此时数据集中将由系统自动创建一个名为"Table"的 DataTable 对象，而它的结构由查询语句决定，例如，这里查询了 Film 表中的所有信息，因此"Table"表的字段就是数据库中 Film 数据表的所有字段，而"Table"表的数据则和 Film 数据表的数据一样。后续使用这个数据集时只能这样访问 DataTable：

```
ds.Table["Table"]
```

这样虽然能够完成任务，但是不确定和不安全的因素太多了，因此需要将程序写得更加准确。

```
SqlDataAdapter da = new SqlDataAdapter(sql,cn);
da.Fill(ds, "MyFilm");
```

这里对程序做了一些微调，在调用 DataAdapter 对象的 Fill()方法时，不但传递了数据集对象，还添加了第二个字符串类型的参数"MyFilm"。这个参数的作用是在进行数据填充时，将系统自动创建的 DataTable 对象命名为"MyFilm"，这样在后续使用时就可以这样编写：

```
ds.Table["MyFilm"]
```

相对第一段代码，这里的程序显得更加精确，但是依然存在问题，主要是访问比较麻烦，每次都要通过数据集定位到 DataTable 后，才能够访问行和列，因此可以对程序再次进行修改。

```
SqlDataAdapter da = new SqlDataAdapter(sql,cn);
DataTable dt = new DataTable();
da.Fill(dt);
```

这里的程序中找不到 DataSet 对象了，取而代之的是一个 DataTable 对象，这也是在实际开发中经常会用到的一种方式。道理很简单，既然数据集的数据是存放在 DataTable 对象中的，那么就可以绕过数据集而直接使用 DataTable 对象来操作数据，但这样就无法再通过数据集来管理 DataTable 之间的关系了。

三种数据集填充方式在实际使用的过程中没有太大的区别，具体采用哪种方式要根据实际开发的情况及个人的使用习惯来确定。

# 9.4　数据展示

当完成了数据读取和填充之后，就需要将数据展示在用户的面前，在 WinForm 中几乎所有的控件都可以用来展示数据，但是开发时只使用几种。

## 9.4.1　简单控件

对于 DataSet 组件来说，最直接的操作就是用简单控件来显示其中的数据。如何读取它的值呢？最常见的方法是读取 DataSet 组件中数据表的某行或某列的值，甚至可能会精确到某一个单元格的值。例如，用户希望查看数据表中第二部电影的信息，则程序可以这样编写：

```
string name = (string)ds.Tables["Film"].Rows[1]["Name"];
string addedBy = (string)ds.Tables["Film"].Rows[1]["AddedBy"];
string actor = (string)ds.Tables["Film"].Rows[1]["Actors"];
string desc = (string)ds.Tables["Film"].Rows[1]["Desc"];

MessageBox.Show("影片" + name + "是由" + actor + "主演！\ny影片简介：" + desc);
```

这段代码可以访问表中的一行数据，如果需要访问表中所有行的数据，则需要增加一个循环结构，即

```
foreach (DataRow dr in ds.Tables["myTab"].Rows)
{
        //读取数据
}
```

事实上，如果使用这种逐行读取数据的操作，则适合使用 DataReader 对象，因为它消耗的系统资源少，速度也更快。DataSet 组件的主要用途在于更全面地展示数据。

知道了如何读取数据后，下面要使用简单控件呈现数据的工作。

```
txtName.Text = (string)ds.Tables["Film"].Rows[0]["Name"];
txtActors.Text = (string)ds.Tables["Film"].Rows[0]["Actors"];
txtPrice.Text = ds.Tables["Film"].Rows[0]["Price"].ToString();
txtDesc.Text = (string)ds.Tables["Film"].Rows[0]["Desc"];
```

这段代码依然是从数据集中读取数据，只是读取的数据不再使用变量，而是直接使用三个 TextBox 控件和一个 RichTextBox 控件来呈现数据。这种方式只能够读取一行数据，如果需要一次性展示更改过的信息，则需要借助于其他的控件。

## 9.4.2 列表控件

列表类型的控件是系统开发过程中经常会用到的，在之前用到这类控件时，其选择项大多是直接设定好固定的内容，那么是否可以从数据集中动态地获取选择内容呢？

要实现这个操作本身并不复杂，列表类型的控件其选择项都是在 Items 属性中保存的，因此只要能够将数据集中的数据放置到 Items 属性中即可。问题在于 Items 属性中的每一个选择项都是由 Text 和 Value 两个值构成的，因此要做的工作是将数据表的列和这两个值对应起来。

```
comboBox1.DropDownStyle = ComboBoxStyle.DropDownList;
comboBox1.DisplayMember = "Name";
comboBox1.ValueMember = "ID";
comboBox1.DataSource = ds.Tables["Film"];
```

在这段代码中设定了 ComboBox 控件的四个属性。其中，DropDownStyle 属性用来设定其显示方式，这里设定为 ComboBoxStyle.DropDownList，这样该组合框控件只能选择而不能输入信息；DisplayMember 属性用来设定每一个 Item 选择项的 Text 属性所对应的列名，这个列必须是数据表中存在的列；ValueMember 属性用来设定每一个 Item 选择项的 Value 属性所对应的列名，该列必须是数据表中存在的列，如果在程序中没有设定 ValueMember 属性，则 Item 选择项的 Value 属性值就会和 Text 属性值相同；DataSource 属性用于自动在 DataSource 所指定的数据源中查找相应的列，并将这些列的值一次性填充到组合框中，从而形成选择项。其运行效果如图 9-3 所示。

其他类型列表控件的使用方式和 ComboBox 控件是一样的，这里不再赘述。需要注意的是，如果设置了 DataSource 属性，则无法修改选择项。

图 9-3　使用 ComboBox 控件显示数据

如何知道用户选择的内容呢？这里可以通过两个简单的属性取得用户选择的信息。

```
int id = (int)comboBox1.SelectedValue;
string name = comboBox1.Text;

MessageBox.Show("电影《" + name + "》的编号是：" + id);
```

组合框的 SelectedValue 属性可以取得用户选择项的 Value 属性值，而 Text 属性可以取得用户选择项的 Text 属性的值。这里很容易产生一个疑问：为什么一个选择项要设定 Text 和 Value 两个属性值？这是因为在实际使用中，难免会出现重复的数据，如数据库中存在两部同名的电影，此时如何知道用户选择的究竟是哪一部电影呢？显然，单凭 Text 属性根本无法做出判断，这时如果在 Value 属性中保存了电影的编号，则很容易知道用户的选择。

多选时该如何操作呢？对于诸如 ListBox 的多选类型的控件，其数据显示部分的操作和

ComboBox 控件一样，即将前面代码中的 ComboBox 控件换成 ListBox 控件即可。

```
listBox1.SelectionMode = SelectionMode.MultiExtended;
listBox1.DisplayMember = "Name";
listBox1.ValueMember = "ID";
listBox1.DataSource = ds.Tables["Film"];
```

其运行效果如图 9-4 所示。

图 9-4　使用 ListBox 控件显示数据

相对于 ComboBox 控件，ListBox 控件的读取方式要复杂一些，根据 DataSource 设定的数据源类型不同，其读取方式也会有一些细微的差别，例如，这里设定的数据源为 DataTable 对象，因此其读取方式如下。

```
string str = "选中的电影：";

for (int i = 0; i < listBox1.SelectedItems.Count; i++)
{
DataRowView drv = (DataRowView)listBox1.SelectedItems[i];
str += "\n电影名称：" + drv["Name"];
}

MessageBox.Show(str);
```

在读取数据时，首先需要遍历访问 ListBox 控件的 SelectedItems 属性，即 ListBox 控件的所有选择项。因为 ListBox 控件的数据源指定的是一个 DataTable 对象，所以需要将每一个选择项转换成一个 DataRowView 对象，也就是 DataRow 对象的一个自定义视图。像使用 DataRow 对象一样直接通过列名或列下标将数据读取出来。代码的运行效果如图 9-5 所示。

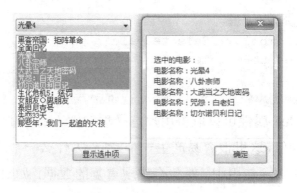

图 9-5　ListBox 控件的多选效果

### 9.4.3　DataGridView 控件

使用选择类型的控件虽然能够一次性呈现出多行数据的信息，但是只能显示数据表中的某一列，如果要呈现数据的全貌，则要借助于大型的控件，其中最常用的控件是 DataGridView。

DataGridView 是 WinForm 中经常使用的一个用于呈现数据的大型控件。它能够以表格的形式将数据集中的数据表完整地呈现出来，还支持根据用户的需要进行各种不同的设置。

使用 DataGridView 控件时，可以在工具箱的"数据"选项组中找到，并将其放置到窗体中，如图 9-6 所示。

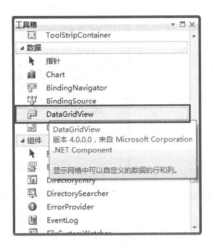

图 9-6　DataGridView 控件

将 DataGridView 控件添加到窗体后，只需要一行代码即可将刚才创建的 DataSet 组件在该控件上呈现出来。

```
dataGridView1.DataSource = ds.Tables["Film"];
```

DataGridView 控件可以用表格的形式将数据集中的数据呈现出来，该控件在使用时最重要的属性是 DataSource。它主要用来设置 DataGridView 控件的数据源，在上面的代码中将电影信息读取出来后放置在 DataSet 对象中，并作为数据源赋给了该属性，其运行效果如图 9-7 所示。

图 9-7　使用 DataGridView 控件展示的数据

当然，数据是可以展示出来的，但是和实际使用差别太大，不具备可用性。首先，并不需要将所有字段都展示出来，如 ID 字段。其次，列名使用英文名称并没有问题，但是这里使用的是字段名称，这样会将数据结构暴露出来，甚至会威胁到整个系统的安全。

总之，需要 DataGridView 控件按照用户设定的方式显示数据，这就需要设置 DataGridView 控件列，可以在 DataGridView 控件的单击"编辑列…"链接中完成，如图 9-8 所示。

也可以在 DataGridView 控件的属性列表中完成，如图 9-9 所示。

图 9-8　DataGridView 控件的列编辑器

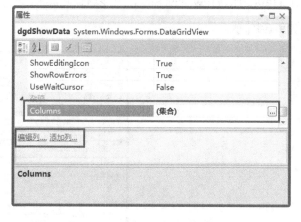

图 9-9　DataGridView 控件的属性列表

无论采用哪种方式，都可以打开 DataGridView 控件的"编辑列"对话框，如图 9-10 所示。

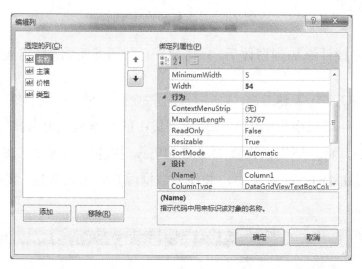

图 9-10　"编辑列"对话框

在"编辑列"对话框中的的左侧是一个列表框，这里列出了当前 DataGridView 控件中已经添加的列对象，可以看到这里有 4 个列。选中某一个列后，在对话框中的右侧可以看到一个属性列表，其中列出了当前选中列对象的一些属性。在这些属性中，常用的有以下 4 个。

① Name：列对象的名称，在程序中必须唯一。在命名时一般采用 col 作为前缀，如 colName。

② ColumnType：类对象的类型。WinForm 中 DataGridView 控件的列共有 6 种类型，即按钮列样式（DataGridViewButtonColumn）、复选框列样式（DataGridViewCheckBox Column）、组合框列样式（DataGridViewComboBoxColumn）、图片列样式（DataGridViewImage Column）、链接列样式（DataGridViewLinkColumn）和文本框列样式（DataGridTextBox Column，默认样式）。

不同的列样式会呈现不同的外观，使用方式也有细微的差别。

③ DataPropertyName：设置列对象所对应的数据源字段名称。

④ HeaderText：设置列对象的页眉文本。

不同的列样式对应着不同的使用环境，具体需要采用什么样式要根据实际情况来确定。如果不能确定，则可以采用文本框列样式来呈现数据，因为它可以显示多种类型的数据。

如果要添加新的列对象，可以通过单击左侧列表框下的"添加"按钮，打开"添加列"对话框，如图 9-11 所示。

图 9-11　"添加列"对话框

在这个对话框中，可以设置三个值。"名称（N）："用来指定新添加列对象的 Name 属性值。"类型（T）："下拉列表中可以选择新添加列对象的样式，即 ColumnType 属性值。"页眉文本（H）："是用来设定新添加列的 HeaderText 属性值。需要注意的是，这里并没有设置 DataPropertyName 属性值，因此在完成列的添加后需要在图 9-10 中找到新添加的列，并设置其 DataPropertyName 属性，否则是无法使用的。

列设置完成后再次运行程序，会发现凡是数据表设置过的字段都按要求在 DataGridView 控件的指定列当中呈现出来了，但是没有设置的字段依然按照先前的样式显示在 DataGridView 控件中，如图 9-12 所示。

这是因为默认情况下 DataGridView 控件会自动根据数据源中的表结构来创建相应的列，即数据表中有多少个字段，DataGridView 控件就会自动创建多少个列，并显示数据。这里只需要显示设置的列，其他列不需要自动创建，这个效果可以通过下面的代码实现。

```
dgdShowData.AutoGenerateColumns = false;
```

AutoGenerateColumns 属性用来设置 DataGridView 控件是否需要根据数据源自动创建列，将其设置为 False 后系统不会再自动创建列，而只会根据用户设置的列来呈现数据，如图 9-13 所示。

图 9-12　设置列样式后

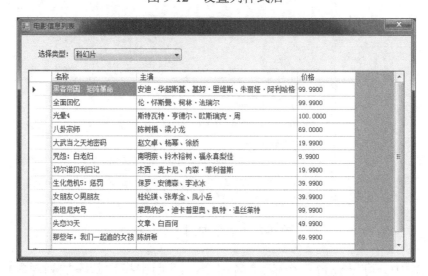

图 9-13　设置 AutoGenerateColumns 属性

　　作为 WinForm 中最为复杂的大型控件之一，本节只是介绍了 DataGridView 控件的基本使用方式。

### 9.4.4　ListView 控件

　　ListView 控件是另一个数据展示控件，和 DataGridView 控件不同，ListView 控件只提供数据的显示功能而不提供对数据的操作功能，但是其显示方式比 DataGridView 控件丰富。下面同样使用 ListView 控件来显示电影信息。

　　在工具箱中找到 ListView 控件并放置到窗体中，如图 9-14 所示。

　　和其他控件一样，ListView 控件也有很多属性，限于篇幅，这里只围绕数据呈现来学习相关的属性。为了能够完成这个任务，会用到 ListView 控件的以下五个属性。

　　① Name：ListView 控件的名称，在代码中必须唯一。在命名时一般采用 lsv 作为前缀。

　　② Columns：设置 ListView 控件的列。

　　③ FullRowSelect：指示是否可以一次性选择整行数据。

　　④ GridLines：指示 ListView 在显示数据时是否显示网格线。

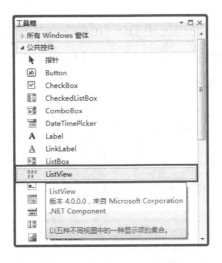

图 9-14　ListView 控件

⑤ View：设置 ListView 显示方式。ListView 控件提供了五种不同的显示方式，如表 9-6 所示。

表 9-6　ListView 控件的显示方式

| 显 示 方 式 | 说　　明 |
|---|---|
| LargeIcon | 每个项都显示为一个最大化图标，在它的下面有一个标签 |
| Details | 每个项显示在不同的行上，并带有关于列中所排列各项的进一步信息。最左边的列包含一个小图标和标签，后面的列包含应用程序指定的子项。列显示一个标头，它可以显示列的标题。用户在运行时可以调整各列的大小 |
| SmallIcon | 每个项都显示为一个小图标，在它的右边带一个标签 |
| Title | 每个项都显示为一个完整大小的图标，在它的右边带标签和子项信息。显示的子项信息由应用程序指定。此视图仅在以下平台上受支持：Windows XP 和 Windows Server 2003 系列。在 Windows 以前的操作系统中，此值被忽略，并且 ListView 控件在 LargeIcon 视图中显示 |
| List | 每个项都显示为一个小图标，在它的右边带一个标签。各项排列在列中没有列标头 |

不同视图的具体表现如图 9-15 所示。

图 9-15　不同视图的表现

本节将重点学习使用 ListView 控件以表格的方式来呈现数据，因此采用的是 Details 视图。同时需要将 FullRowSelect 属性和 GridLines 属性设置为 True，这样当将数据放置到控件上时可以呈现出和 DataGridView 相似的效果。

使用 ListView 控件显示数据要比使用 DataGridView 控件复杂一些。首先需要设置 ListView 控件的 Columns 属性，即设置数据显示的列。在 ListView 控件的属性窗口的"行为"选项组中找到 Columns 属性，如图 9-16 所示。

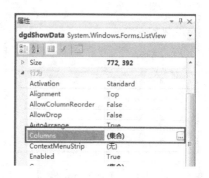

图 9-16　ListView 控件的 Columns 属性

单击其右侧的按钮后打开"ColumnHeader 集合编辑器"对话框，如图 9-17 所示。

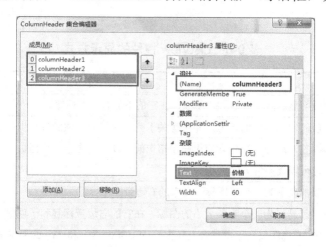

图 9-17　ColumnHeader 集合编辑器

在左侧"成员（M）："列表框中可以看到现在 Columns 属性的所有已经存在的列成员，在列表的右侧有向上、向下两个按钮，选中某列后单击向上或向下的按钮可以调整该列的排列顺序，这个排列顺序决定了最终数据显示时该列的位置。如果未添加任何列，则该列表为空。单击列表框下方的"添加（A）"按钮可以添加一个新的列。

在成员列表中选中某一列后，在窗体的右侧可以看到当前选中列对象的相关属性，在这些属性中需要关注的是 Name 和 Text。Name 属性是当前选中列对象的名称，因为在实际操作过程中访问这些列对象时采用的是下标访问，所以这里可以采用系统自动生成的名称，如果要命名，可以采用 col 作为前缀。Text 属性用来设定列对象的页眉，即呈现在 ListView 控件中列标头的文本。

设定完成后，单击"确定"按钮并关闭"ColumnHeader 集合编辑器"对话框，再完成具体的数据显示工作。首先要将数据从数据库中读取出来，这个过程可以将 DataAdapter 对象与 DataSet 对象配合起来实现，因为前面已经进行了讲解，这里不再赘述。

因为 ListView 控件没有 DataGridView 控件那样的自动数据填充功能，因此需要将数据集中的数据提取出来，然后放入 ListView 控件中的相应位置。

```
foreach (DataRow dr in ds.Tables["Film"].Rows)
{
ListViewItem item = new ListViewItem();

item.SubItems[0].Text = (string)dr["Name"];
item.SubItems.Add((string)dr["Actors"]);
item.SubItems.Add(string.Format("{0:C}", dr["Price"]));

lsvShowData.Items.Add(item);
}
```

在这段代码中，首先，通过一个 foreach 循环结构遍历数据表的所有行，在循环结构体中需要创建一个 ListViewItem 对象，该对象代表着 ListView 控件的 Items 属性中的一个成员。其次，可以通过这个 ListViewItem 对象的 SubItems 属性将数据行中的数据放置到该对象中。

DataRow 对象在创建时需要通过 DataTable 对象的 NewRow()方法来创建，这样创建的行对象才具有和表一样的结构，但是 ListViewItem 对象却简单得多，每调用一次该对象的 Add()方法就可以向其中添加一个新的单元格。唯一需要注意的是，其第一个单元格需要通过下标访问，因为在创建该对象时系统会默认添加一个单元格。无论设置哪一个单元格，传递的值都要求是字符串类型的。

那么，ListViewItem 对象又是怎么同 ListView 控件的列建立起关联的呢？事实上，这个过程并不复杂，在最终将 ListViewItem 对象通过 Add()方法添加到 ListView 控件的 Items 属性中时，系统会按顺序将 ListViewItem 对象的单元格和 ListView 控件的列对应起来，即将 ListViewItem 对象第一个单元格的值放到 ListView 控件的第一个列中，第二个单元格则放置在第二个列中，以此类推。正因为这样一个操作过程，因此在为 ListViewItem 对象添加单元格时一定要牢记 ListView 控件的列组成，否则会出现数据放置错误。另外，如果 ListViewItem 对象的单元格数量多于 ListView 控件的列数量，则多出来的数据会被系统舍弃。数据填充的效果如图 9-18 所示。

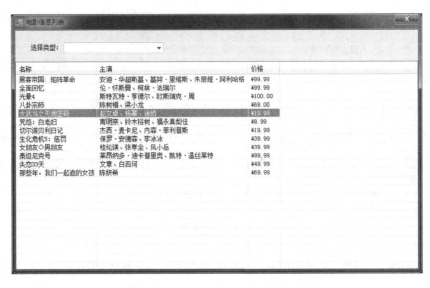

图 9-18　使用 ListView 控件显示数据

上面的代码中还需要注意，在添加价格时并没有直接将其转换成字符串，而是通过 string 类的 Format()方法将其转换成了货币的格式。Format()方法的作用是将指定的值按照要求转换成特定的格式。一般在使用该方法时需要提供两个参数：第一个为字符串类型，用来设定转换的格式；第二个则是需要转换的数据或数据集。

每个格式项都采用下面的形式并包含以下组件。

{ 索引[ ,对齐][ :格式字符串] }

① "索引"（也是参数说明符）是一个从 0 开始的数字，用来标识需要转换的数据对象。也就是说，当索引为 0 时，其对应需要转换的第一个数据对象；如果索引为 1，则对应第二个数据对象，以此类推，可以把它理解为占位符。通过指定相同的索引，多个格式项可以引用转换数据对象列表中的同一个元素。例如，通过指定类似于 "{0:X} {0:E} {0:N}" 的复合格式字符串，将同一个数值设置为十六进制、科学记数法和数字格式。

每个索引都可以引用要转换数据对象列表中的任一对象。例如，如果有三个要转换的数据对象，则可以通过指定类似于 "{1} {0} {2}" 的复合格式字符串来设置第二、第一和第三个对象的格式。格式项未引用的对象会被忽略。如果索引指定了超出数据对象列表范围的项，则将导致运行出现异常。

```
txtFormat.Text = string.Format("货币：{0:C}；百分比：{1:P}；十六进制：{0:X}",
12,0.35);
```

这段代码分别将数字 12 转换成货币格式和十六进制数，而将 0.35 转换成百分比，运行效果如图 9-19 所示。

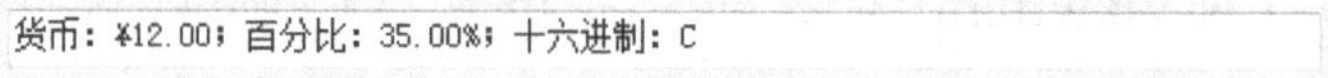

货币：¥12.00；百分比：35.00%；十六进制：C

图 9-19  数据格式转换

② "对齐"是可选的一个带符号的整数，指示设置了格式的字段宽度。如果"对齐"值小于设置格式的字符串长度，则"对齐"会被忽略，并且使用设置了格式的字符串长度作为字段宽度。如果"对齐"为正数，则字段中设置了格式的数据为右对齐；如果"对齐"为负数，则字段中设置了格式的数据为左对齐。如果需要填充，则使用空白。如果指定"对齐"，则需要使用逗号。

```
txtFormat.Text = string.Format("右对齐：[{0,10}]；左对齐：[{0,-10}]；对齐失
效：[{0,2}]","Tom");
```

同样是对 Tom 进行格式化，当使用 "{0,10}" 格式时，转换的结果是在 Tom 的前面增加 7 个空格以补齐 10 位长度，而使用 "{0,-10}" 时，则会在其后面添加 7 个空格以补齐 10 位长度，但是在 "{0,2}" 中，对齐的数值小于 "Tom" 的长度，因此"对齐"会失效，如图 9-20 所示。

右对齐：[       Tom]；左对齐：[Tom       ]；对齐失效：[Tom]

图 9-20  对齐效果

③ "格式字符串"用来设定需要设定的转换格式。表 9-7 列出了常用的格式字符串。

表 9-7 常用的格式字符串

| 字 符 串 | 说 明 | 示 例 |
|---|---|---|
| C 或 c | 将指定数值转换成货币格式 | 123.456 ("C") → ¥123.46<br>123.456 ("C3") →¥123.456<br>123.456 ("C1") →¥123.5 |
| D 或 d（针对数值） | 将指定数值转换成整数 | 1234 ("D") → 1234<br>-1234 ("D6") → -001234 |
| P 或 p | 将指定数值转换成百分比 | 1 ("P") → 100.00 %<br>-0.39678 ("P") → -39.68 %<br>-0.39678 ("P1") → -39.7 %<br>-0.39678 ("P4") → -39.6780 % |
| D 或 d（针对日期） | 将指定日期转换成日期字符串 | 2012.11.29 11:46 AM ("d") → 2012/11/29<br>2012.11.29 11:46 AM ("D") → 2012 年 11 月 29 日 |
| G 或 g（针对日期） | 将指定日期转换成日期时间字符串 | 2012.11.29 11:46 AM ("g") → 2012/11/29 11:46<br>2012.11.29 11:46 AM ("G") → 2012/11/29 11:46:08 |

## 9.4.5 TreeView 控件

在 WinForm 中，树控件（TreeView）用树的方式展示层次节点，通过这些节点，可以清晰地查看数据及其之间的从属关系。传统上，节点对象包含值可以引用其他节点，一个节点可以包含其他节点，这时该节点称为父节点，它所包含的节点称为子节点。只有子节点没有父节点的节点称为根节点，在 WinForm 中 TreeView 控件可以包含多个根节点，如图 9-21 所示。

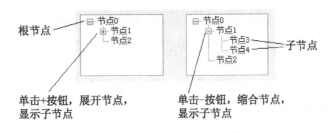

图 9-21 TreeView 控件

作为所有节点的管理者，TreeView 控件本身的常用属性并不多，如表 9-8 所示。

表 9-8 TreeView 控件的常用属性

| 属 性 | 说 明 |
|---|---|
| Name | 控件的名称，一般采用 trv 作为前缀 |
| Nodes | 树控件所有节点对象 |
| SelectedNode | 树控件当前选中的节点 |
| CheckBoxes | 表示节点旁边是否显示复选框 |
| FullRowSelect | 指示选中的节点是否跨越树视图控件的整个宽度 |

TreeNode 是 TreeView 控件的重要组成部分。在 WinForm 中，TreeView 控件中的每一个节点都是一个 TreeNode 类的实例，每一个 TreeNode 都具有 Nodes 属性来设置和管理其子节点。

TreeNode 的常用属性如表 9-9 所示。

表 9-9　TreeNode 的常用属性

| 属　　性 | 说　　明 |
|---|---|
| Name | 节点的名称，一般采用 nod 作为前缀 |
| Checked | 标识 TreeNode 前的复选框是否被选中 |
| FullPath | 获取从树根节点开始到当前选中节点的完整路径 |
| Nodes | 当前节点的所有子节点 |
| Text | 节点的文本内容 |
| Tag | 与节点相关联的数据 |

对于 TreeView 控件来说，最为重要的是对其中包含的节点进行相关的操作和管理，因此对 TreeView 的应用主要集中在添加节点、取得选中的节点，以及用户选中节点后的操作等。

为 TreeView 控件添加节点的方式有两种。首先，可以通过 WinForm 中的 TreeNode 编辑器在图形界面中完成节点的设置，将 TreeView 控件添加到窗体后找到其 Nodes 属性，单击后可打开 Nodes 属性对话框，如图 9-22 所示。

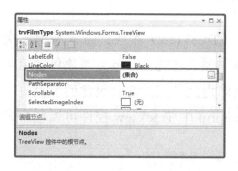

图 9-22　TreeView 控件的 Nodes 属性

在"选择要编辑的节点（N）："列表框中，可以看到当前 TreeView 控件中已经添加的所有节点及其层次结构，选中其中的某一个节点，可以在"节点 7 属性（P）："列表框中看到当前选中节点的常用属性，如图 9-23 所示。

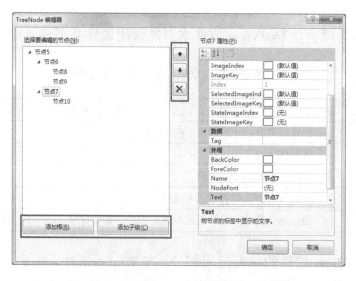

图 9-23　"TreeNode 编辑器"对话框

"添加根（<u>R</u>）"按钮的作用是为 TreeView 控件添加一个根节点。而"添加子级（<u>C</u>）"按钮可以为当前选中节点添加子节点。在节点列表框的右侧，自上而下分别是上移按钮、下移按钮和删除按钮。当选中某个节点后，如果单击上移按钮，该节点会向上移动；如果单击下移按钮，该节点会向下移动；如果单击删除按钮，则可以删除该节点及其子节点。通过这几个按钮可以根据需要设计出完整的 TreeView 控件。

使用代码添加节点需要先创建 TreeNode 对象，然后调用 Add()方法，将其添加到相应节点的 Nodes 属性中。

```
TreeNode tn1 = new TreeNode("根节点1");
trvFilmType.Nodes.Add(tn1);

trvFilmType.Nodes.Add(new TreeNode("根节点2"));
trvFilmType.Nodes.Add("根节点3");
```

上面代码采用了三种方式向 TreeView 控件中添加根节点。第一种方式，首先创建一个 TreeNode 对象，在实例化时通过其构造向该对象传递一个字符串类型的参数作为其 Text 属性的值，然后调用 TreeView 控件 Nodes 属性的 Add()方法将其添加到 TreeView 控件中。第二种方式其实和第一种方式是一样的，只是没有显示创建的 TreeNode 对象，而是在调用 Add()方法时临时创建，同时依然通过其构造传递了字符串参数作为其文本值。第三种方式直接在调用 Add()方法时传递字符串作为参数，节点则由系统创建。上面代码的运行效果如图 9-24 所示。

图 9-24　添加根节点

无论采用哪种方式，只要是通过 TreeView 控件的 Nodes 属性添加的节点都是根节点，如果需要为某个节点添加子节点，则需要通过该节点的 Nodes 属性来完成。

```
tn1.Nodes.Add("子节点1");
tn1.Nodes.Add(new TreeNode("子节点2"));

trvFilmType.Nodes[1].Nodes.Add("子节点3");
trvFilmType.Nodes[1].Nodes.Add(new TreeNode("子节点4"));
```

添加子节点的方式也有两种：如果明确知道当前节点的名称，则可以通过第一种方式来添加子节点；如果不知道当前节点的名称，则只能够通过第二种方式，即当前节点在 Nodes 中的排列位置找到该节点，然后为其添加子节点。上述代码的运行效果如图 9-25 所示。

图 9-25　添加子节点

一般来说，对树控件进行各种操作时都会和循环结合在一起，如将数据表中的数据填充到 TreeView 控件中等。树控件的节点层级越多，所需要的循环结构越复杂，因此在实际应用过程中最好不要创建超过三级的树控件，否则程序会变得很复杂。

# 9.5 查看电影信息

在第 8 章中完成了音像店管理程序的用户注册和用户登录功能，本节将完成音像店管理程序的电影信息查看功能。

## 9.5.1 问题

在音像店管理系统中，当用户成功登录到系统后，需要根据自己的喜好查找电影及其详细信息。这里首先需要用一个列表的方式将电影的主要信息展示出来，同时要提供相应的操作方式供用户查找感兴趣的电影，如图 9-26 所示。

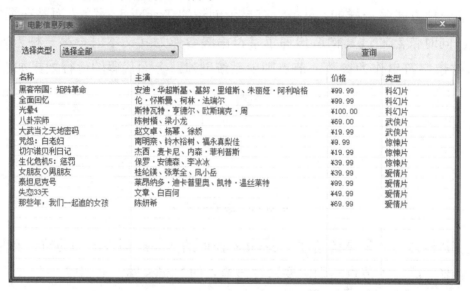

图 9-26　电影信息列表

该窗体的主要需求如下。

① 窗体运行时要求在屏幕中央，不能最大化和最小化，也不能改变大小。

② 显示电影类型的下拉列表只能选择不能输入，为了方便用户使用，需要增加一个"选择全部"选项来查看所有电影。

③ 文本框用来输入要查找的内容，如果用户输入了信息，则需要在电影名称和演员列表中实现模糊查询。

④ 页面首次加载时需要以列表的形式显示所有电影的信息，包括电影名称、主演、价格和类型。

⑤ 当用户选择了不同类型的电影或输入查询信息并单击"查询"按钮后，实现对电影信息的查询功能。

⑥ 当用户选择全部影片并清空文本框后，在列表中显示所有影片的信息。

双击列表中的某一部影片后，打开"电影详细信息"对话框，并显示该影片的详细信息，如图 9-27 所示。

图 9-27　查看影片详细信息

该窗体的需求如下。

① 窗体运行时要求在屏幕中央，不能最大化和最小化，也不能改变大小。

② 显示电影类型的下拉列表只能选择不能输入，但是不需要添加"选择全部"选项。

③ 根据由列表窗体传递过来的电影编号查询电影详细信息，并显示在窗体的相应位置。

④ 因为还没有将整个程序整合，因此"保存"按钮的功能不需要实现，但是"关闭"按钮的功能需要实现。

## 9.5.2　需求分析

下面根据 9.5.1 节中提出的要求做出详细的分析。

### 1. 界面设计

电影信息列表窗体的界面元素设计如表 9-10 所示。

表 9-10　电影信息列表窗体的设计

| 界 面 元 素 | 类　　型 | 属 性 设 置 |
| --- | --- | --- |
| 窗体 | Form | Name 值为 frmFilmList，StartPosition 值为 CenterScreen，MaximizeBox 值为 False，MinimizeBox 值为 False，FormBorderStyle 值为 FixedSingle，Text 值为电影信息列表 |
| 选择类型： | Label | Name 值为 lblType，Text 值为选择类型： |
| 选择类型下拉列表 | ComboBox | Name 值为 cboFilmType，DropDownStyle 值为 DropDownList |
| 查询信息输入框 | TextBox | Name 值为 txtSearch |
| 查询 | Button | Name 值为 btnSearch，Text 值为查询 |
| 电影信息显示列表 | ListView | Name 值为 lsvShowData，Columns 值为名称、主演、价格、类型，MultiSelect 值为 False |

电影详细信息窗体的界面元素设计如表 9-11 所示。

表 9-11　电影详细信息窗体的设计

| 界 面 元 素 | 类　　　型 | 属 性 设 置 |
|---|---|---|
| 窗体 | Form | Name 值为 frmFilmDetails，StartPosition 值为 CenterScreen，MaximizeBox 值为 False，MinimizeBox 值为 False，FormBorderStyle 值为 FixedSingle，Text 值为电影详细信息 |
| 名称： | Label | Name 值为 lblName，Text 值为名称： |
| 主演： | Label | Name 值为 lblActors，Text 值为主演： |
| 类型： | Label | Name 值为 lblType，Text 值为类型： |
| 价格： | Label | Name 值为 lblPrice，Text 值为价格： |
| 库存： | Label | Name 值为 lblAmount，Text 值为库存： |
| 简介： | Label | Name 值为 lblDesc，Text 值为简介： |
| 名称文本框 | TextBox | Name 值为 txtName |
| 主演文本框 | TextBox | Name 值为 txtActors |
| 类型下拉列表 | ComboBox | Name 值为 cboType |
| 价格文本框 | TextBox | Name 值为 txtPrice |
| 库存文本框 | TextBox | Name 值为 txtAmount |
| 简介文本框 | RichTextBox | Name 值为 txtDesc |
| 保存 | Button | Name 值为 btnSave，Text 值为保存 |
| 关闭 | Button | Name 值为 btnExit，Text 值为关闭 |

## 2．添加"选择全部"选项

我们已经学习了如何将数据表中的数据放置到下拉列表控件中，但是在进行操作时有一个很重要的限制，即数据一旦通过 DataSource 属性绑定到控件上，就不允许再修改控件中的数据了，那么应该如何将"选择全部"选项添加到下拉列表中呢？

方法有多种，如可以直接在数据库中添加数据，也可以循环遍历数据表的 Rows 属性，将其中的数据依次通过 Add()方法添加到 ComboBox 控件中。下面将采用一种新的方式来解决这个问题。

事实上，仔细分析 ComboBox 控件和数据表会发现，在使用 DataSource 属性进行数据绑定时，控件中要显示什么数据完全由数据表决定，不能修改控件的数据，但可以先直接修改数据表中的数据，然后进行数据绑定。整个操作过程其实并不复杂。

```
    string conn =
ConfigurationManager.ConnectionStrings["SQL"].ConnectionString;
    SqlConnection cn = new SqlConnection(conn);

    DataTable dt = new DataTable();
    SqlDataAdapter da = new SqlDataAdapter("select * from FilmType", cn);

    da.Fill(dt);

    DataRow dr = dt.NewRow();
```

```
dr["ID"] = -1;
dr["Name"] = "选择全部";

dt.Rows.InsertAt(dr, 0);

cboFilmType.DisplayMember = "Name";
cboFilmType.ValueMember = "ID";
cboFilmType.DataSource = dt;
cboFilmType.SelectedIndex = 0;
```

我们对这段代码的大部分内容已经很熟悉了，首先创建一个数据库连接对象，然后通过 DataAdapter 对象从数据库中读取电影分类信息，并填充到一个 DataTable 对象中。但并没有直接开始数据绑定，而是通过 DataTable 对象创建了一个 DataRow 对象，并且对 ID 和 Name 进行了赋值操作。需要注意的是，当将这个 DataRow 对象添加到数据表的 Rows 属性中时使用的并不是 Add()方法，而是 InsertAt()方法。这个方法也用于向 Rows 属性添加一个新行，它有两个参数，第一个参数是新添加的行对象，而第二个参数用来指定添加位置的下标。在上面的代码中在指定的添加位置下标为 0，即将新创建的 DataRow 对象添加到了 Rows 属性的第一位。最后用这个数据表对象完成了 ComboBox 控件的数据绑定，因为在数据表中"选择全部"位于第一行，所以绑定后该选项就会出现在 ComboBox 控件的第一项，如图 9-28 所示。

图 9-28　ComboBox 控件

事实上，在实际开发过程中经常会遇到无法修改控件的值，或者修改起来很困难的情况，此时可以通过直接修改控件数据源的方式来实现需要的操作。

### 3. 数据查询

数据查询是需要重点实现的功能，常见的数据查询方式是根据用户给出的条件生成相应的查询语句，在数据库中执行后得到查询结果。但是这种方式会反复地执行数据库操作，对服务器的压力比较大，而且需要进行频繁的网络传输。

下面将采用另外一种处理方式，首先需要将数据一次性全部提取到客户端缓存起来，然后根据给出的条件在客户端完成对数据的查询和筛选工作。这样只需要做有限的数据库操作即可完成数据的查询工作。

提取数据的工作并不复杂，我们已经做过很多次了。

```
string conn = ConfigurationManager.ConnectionStrings["SQL"].ConnectionString;
SqlConnection cn = new SqlConnection(conn);

string sql = "select * from vw_Film";

dt = new DataTable();
SqlDataAdapter da = new SqlDataAdapter(sql, cn);
```

```
        da.Fill(dt);
```

操作依然从数据库连接开始。需要注意的是，并不是从数据表中查询数据，而是通过一个视图来提取数据，这时因为最终呈现的数据是从 FilmType 和 Film 这两张数据表中得到的，为了简化操作创建了一个视图，并通过它来读取数据。

DataTable 对象并不是在这里声明，而是放到窗体类中声明的，即在这段程序中，DataTable 对象作为一个全局对象存在，这样做的原因在于需要使用 DataTable 对象来缓存数据，将其声明成全局对象，只要窗体不关闭，该对象就不会丢失，其中的数据可以被反复使用。

下面要完成数据查询的工作。

```
        DataView dv = new DataView(dt);

        if ((int)cboFilmType.SelectedValue > 0)
        dv.RowFilter = "TypeID = " + (int)cboFilmType.SelectedValue;

        if (!string.IsNullOrEmpty(txtSearch.Text))
        dv.RowFilter = " [Name] like '%" + txtSearch.Text + "%' or Actors like '%"
+ txtSearch.Text + "%'";
```

注意，数据查询并不是通过数据库来完成的，而是通过一个 DataView 对象实现的。DataView 是 ADO.NET 中的一个小对象，它是 DataTable 对象的一个自定义视图，作用是对 DataTable 对象中的数据进行排序、筛选、搜索、编辑和导航等操作。因为是对 DataTable 对象做操作，所以在创建 DataView 对象时需要将 DataTable 对象作为参数传递到其构造中，然后可以借助 DataView 对象的 RowFilter 属性对数据进行各种操作。RowFilter 属性是 DataView 对象最重要的一个属性，它可以接收一个字符串类型的表达式，用来对数据进行各种操作，该表达式一般构成方式和 SQL 语句中的条件表达式一样。

在上面的代码中，因为程序提供了两种数据查询方式，所以对 DataView 对象的 RowFilter 属性进行了两次操作。第一次是对 TypeID 进行了查询，第二次是对 Name 和 Actors 两个字段进行了查询，而且使用 like 关键字实现了模糊查询。

### 4．显示电影信息

对电影信息的查看需要提供两种方式。首先需要用列表的方式将查询到的电影信息呈现出来，这一步可以使用 ListView 控件来实现。

```
        lsvShowData.Items.Clear();

        foreach (DataRowView dr in dv)
        {
        ListViewItem item = new ListViewItem();

        item.Tag = (int)dr["ID"];
        item.SubItems[0].Text = (string)dr["Name"];
        item.SubItems.Add((string)dr["Actors"]);
        item.SubItems.Add(string.Format("{0:C}", dr["Price"]));
        item.SubItems.Add((string)dr["TypeName"]);
```

```
lsvShowData.Items.Add(item);
    }
```

操作和学习过的方式是一样的，只是在循环开始之前调用了 ListView 控件 Items 属性的 Clear()方法，该方法的作用是将 ListView 控件中的数据行全部清除。这样做的原因是需要用这个控件反复显示数据，否则操作数据会累加在一起。需要注意的是，使用了 ListViewItem 对象的 Tag 属性，该属性主要用来保存和对象相关的数据，这里保存的是电影编号。

这里需要做的第二个显示工作是在电影详细信息窗体中显示电影的详细信息，要完成这个工作需要经过几个步骤。首先需要在电影信息列表窗体中获得用户选择的电影编号，然后将这个编号传递到电影详细信息窗体，最后根据这个编号查询电影信息并显示。

操作方式：用户在电影信息列表中双击某条电影信息即可打开电影详细信息窗体，因此首先在 ListView 控件的事件列表中找到 DoubleClick 事件，双击后在系统自动生成的事件处理程序中完成后续的操作。

```
private void lsvShowData_DoubleClick(object sender, EventArgs e)
{
        if (lsvShowData.SelectedItems.Count > 0)
        {
            int id = (int)lsvShowData.SelectedItems[0].Tag;
            frmFilmDetails fd = new frmFilmDetails(id);
            fd.ShowDialog();
        }
}
```

在这段处理程序中，首先添加了一个 if 结构，目的是确保在有电影被选中的情况下执行该操作，因为使用的是 ListView 控件的双击事件，有可能会出现用户没有选中任何行的情况下双击控件而触发事件。

在 if 结构中，可以通过 ListView 控件的 SelectedItems 属性取得所有选中项，ListView 控件本身支持多选，尽管设定了其 MultiSelect 属性为 False，但是在访问用户选中的行时依然需要通过 SelectedItems 属性，因为只能选择一行，因此下标是 0。通过选中行的 Tag 属性，可以取得电影编号。窗体间的传参我们已经学习过了，这里不再赘述。

将电影编号传递到详细信息窗体后，可以根据这个编号到数据库中查找电影信息并显示在窗体中，但在这之前需要先将电影分类信息绑定到 ComboBox 控件上。

```
string conn = ConfigurationManager.ConnectionStrings["SQL"]. Connection
String;
    SqlConnection cn = new SqlConnection(conn);

    DataTable dt = new DataTable();
    SqlDataAdapter da = new SqlDataAdapter("select * from FilmType", cn);

    da.Fill(dt);

    cboType.DisplayMember = "Name";
    cboType.ValueMember = "ID";
    cboType.DataSource = dt;
```

基本操作和刚才差不多，只是没有添加"选择全部"选项。下面是具体的数据显示。

```
        string conn = ConfigurationManager.ConnectionStrings["SQL"]. Connection
String;
        SqlConnection cn = new SqlConnection(conn);

        DataTable dt = new DataTable();
        SqlDataAdapter da = new SqlDataAdapter("select * from Film where [ID]="
+ filmID, cn);

        da.Fill(dt);

        if (dt.Rows.Count > 0)
        {
            txtName.Text = (string)dt.Rows[0]["Name"];
            txtActors.Text = (string)dt.Rows[0]["Actors"];
            txtPrice.Text = string.Format("{0:C}", dt.Rows[0]["Price"]);
            txtAmount.Text = dt.Rows[0]["Amount"].ToString();
            txtDesc.Text = (string)dt.Rows[0]["Desc"];
            cboType.SelectedValue = dt.Rows[0]["TypeID"];
        }
```

操作过程基本上是相似的，首先创建数据库连接对象，然后使用 DataAdapter 对象提取数据，这里的 SQL 语句添加了根据电影编号查询的条件，在将数据填充到数据表中后，通过一个 if 结构对数据表中的数据行做了判断，以确定成功读取了数据。

具体的数据显示不是很复杂，根据电影编号进行查询，如果存在数据，则肯定只有一行数据，因此在读取数据时行下标直接赋 0。显示数据的最后一行时需要注意，ComboBox 控件的数据是使用数据表绑定的，因此要通过 SelectedValue 设定其选中行。

### 9.5.3 实现电影查看

下面案例制作的程序较为复杂，frmFilmList 窗体代码如下。

```
    public partial class frmFilmList : Form
    {
    //电影信息数据表
    DataTable dtFilm = null;
    //数据库连接字符串
    string conn = ConfigurationManager.ConnectionStrings["SQL"]. Connection
String;

    public frmFilmList()
    {
        InitializeComponent();
    }

    private void frmFilmList_Load(object sender, EventArgs e)
    {
        BindList();
    }

    //绑定电影类型下拉列表
```

```csharp
        private void BindList()
        {
            using (SqlConnection cn = new SqlConnection(conn))
            {
                DataTable dt = new DataTable();
                SqlDataAdapter da = new SqlDataAdapter("select * from FilmType",
cn);

                try
                {
                    da.Fill(dt);
                }
                catch (Exception ex)
                {
                MessageBox.Show(ex.Message, "系统消息");
                return;
                }

    DataRow dr = dt.NewRow();
    dr["ID"] = -1;
    dr["Name"] = "选择全部";
    dt.Rows.InsertAt(dr, 0);

                cboFilmType.DisplayMember = "Name";
                cboFilmType.ValueMember = "ID";
                cboFilmType.DataSource = dt;
                cboFilmType.SelectedIndex = 0;
            }
        }

        //绑定电影信息列表
        private void BindListView()
        {
            using (SqlConnection cn = new SqlConnection(conn))
            {
            dtFilm = new DataTable();
            SqlDataAdapter da = new SqlDataAdapter("select * from vw_Film",
cn);

                try
                {
                    da.Fill(dtFilm);
                }
                catch (Exception ex)
                {
                    MessageBox.Show(ex.Message, "系统消息");
                    return;
                }

                DataView dv = new DataView(dtFilm);

                if ((int)cboFilmType.SelectedValue > 0)
```

```
                      dv.RowFilter = "TypeID = " + (int)cboFilmType.SelectedValue;

                if (!string.IsNullOrEmpty(txtSearch.Text))
                    dv.RowFilter = " [Name] like '%" + txtSearch.Text + "%' or
Actors like '%" + txtSearch.Text + "%'";

                lsvShowData.Items.Clear();
                foreach (DataRowView dr in dv)
                {
                    ListViewItem item = new ListViewItem();

                    item.Tag = (int)dr["ID"];
                    item.SubItems[0].Text = (string)dr["Name"];
                    item.SubItems.Add((string)dr["Actors"]);
                    item.SubItems.Add(string.Format("{0:C}", dr["Price"]));
                    item.SubItems.Add((string)dr["TypeName"]);

                    lsvShowData.Items.Add(item);
                }
            }
        }

        private void cboFilmType_SelectedIndexChanged(object sender, EventArgs
e)
        {
            BindListView();
        }

        private void btnSearch_Click(object sender, EventArgs e)
        {
            BindListView();
        }

        private void lsvShowData_DoubleClick(object sender, EventArgs e)
        {
            if (lsvShowData.SelectedItems.Count > 0)
            {
                int id = (int)lsvShowData.SelectedItems[0].Tag;
                frmFilmDetails fd = new frmFilmDetails(id);
                fd.ShowDialog();
            }
        }
    }
```

整合起来的代码发生了一些变化，首先，将数据库连接字符串的获取放置到类的起始位置，作为一个全局成员来使用，因为在程序的很多地方都要用到这个字符串。其次，将绑定电影分类和电影信息列表放在了单独的 BindList()方法和 BindListView()方法中，这主要是使程序条理更清晰，而且这样调整后当选择不同的电影分类或单击查询按钮进行数据查询时，不需要再重复编写代码，直接调用方法即可。

frmFilmDetails 窗体的代码如下。

```csharp
public partial class frmFilmDetails : Form
{
    //电影编号
    private int filmID = 0;
    //数据库连接字符串
    string conn = ConfigurationManager.ConnectionStrings["SQL"].ConnectionString;

    public frmFilmDetails(int id)
    {
        InitializeComponent();
        filmID = id;
    }

    private void frmFilmDetails_Load(object sender, EventArgs e)
    {
        BindList();

        if (filmID > 0)
            LoadData();
    }

    //显示数据
    private void LoadData()
    {
        using (SqlConnection cn = new SqlConnection(conn))
        {
            DataTable dt = new DataTable();
            SqlDataAdapter da = new SqlDataAdapter("select * from Film where [ID]=" + filmID, cn);

            try
            {
                da.Fill(dt);
            }
            catch (Exception ex)
            {
                MessageBox.Show(ex.Message);
                return;
            }

            if (dt.Rows.Count > 0)
            {
                txtName.Text = (string)dt.Rows[0]["Name"];
                txtActors.Text = (string)dt.Rows[0]["Actors"];
                txtPrice.Text = string.Format("{0:C}", dt.Rows[0]["Price"]);
                txtAmount.Text = dt.Rows[0]["Amount"].ToString();
                txtDesc.Text = (string)dt.Rows[0]["Desc"];
                cboType.SelectedValue = dt.Rows[0]["TypeID"];
            }
```

```
        }
    }

    private void BindList()
    {
        using (SqlConnection cn = new SqlConnection(conn))
        {
            DataTable dt = new DataTable();
            SqlDataAdapter da = new SqlDataAdapter("select * from FilmType",
cn);

            try
            {
                da.Fill(dt);
                cboType.DisplayMember = "Name";
                cboType.ValueMember = "ID";
                cboType.DataSource = dt;
            }
            catch (Exception ex)
            {
                MessageBox.Show(ex.Message, "系统消息");
            }
        }
    }
}
```

电影详细信息窗体的变化不大，数据库连接字符串同样改为全局变量以方便使用，而数据显示操作和电影类型下拉列表的绑定也被分别封装到了 LoadData()方法和 BindList()方法中，其他操作已经在前面进行了详细说明，这里不再赘述。

本章主要介绍了通过 ADO.NET 读取和显示数据的方式。

相对于以前的数据库操作技术，ADO.NET 的一个很重要的改变就是实现了数据的脱机操作，其中 DataSet 组件起了非常重要的作用。作为一个临时的数据存储对象，DataSet 组件具有和数据库类似的结构，通过对 DataTable、DataColumn 和 DataRow 等对象的设置，可以将数据库中的数据以相同的结构存储在内存中。

DataSet 组件最常用的数据来源是数据库，而数据的读取则需要通过 ADO.NET 的另一个常用组件 DataAdapter 对象来实现。该组件可以通过简单的 Fill()方法将数据按照它们在数据库中的结构一次性填充到 DataSet 组件中，从而实现数据的脱机操作。

使用控件将 DataSet 组件中的数据呈现出来，本章除介绍如何使用已学过的控件来显示数据外，还学习了 WinForm 中的三个大型的控件，即 DataGridView、ListView 和 TreeView。这三个控件都可以将 DataSet 组件中的数据根据用户的需求进行显示，但其在具体操作方面又有各自的特点，灵活地使用这些控件可以制作出专业的界面。

# 上机操作 9

总目标：

① 掌握 DataSet 组件的使用。

② 掌握 SqlDataAdapter 对象的使用。

③ 掌握控件的使用。

## 上机阶段一（20 分钟内完成）

上机目的：掌握 DataSet 组件的使用。

上机要求：创建一个具有 3 行 3 列的 DataSet 组件，并用 DataGridView 控件将其显示出来，如图 9-29 所示。

| | 编号 | 用户名 | 密码 |
|---|---|---|---|
| ▶ | 1 | Tom | 12345 |
| | 2 | Jessica | 830417 |
| | 3 | Sunny | 1217 |
| * | | | |

图 9-29　创建 DataSet 组件并显示

### 实现步骤

**步骤 1：** 创建 DataSet 组件。

**步骤 2：** 创建 DataTable 对象，并添加到 DataSet 组件中。

**步骤 3：** 创建 DataColumn 对象，并添加到 DataTable 对象中。

**步骤 4：** 创建 DataRow 对象，并添加到 DataTable 对象中。

**步骤 5：** 使用 DataGridView 控件显示 DataSet 组件。

## 上机阶段二（20 分钟内完成）

上机目的：掌握 SqlDataAdapter 对象的使用。

上机要求：使用 SqlDataReader 对象从 Perm 数据库的 User 表中读取数据，并显示在 DataGridView 控件中，注意设置列标头，密码不需要显示，其运行效果如图 9-30 所示。

| | 编号 | 用户名 | 密码 | 姓名 |
|---|---|---|---|---|
| ▶ | 1 | admin | 123 | 管理员 |
| | 3 | lishi | 123 | 李四 |
| | 4 | zhangsan | 123 | 张三 |
| | 5 | wangwu | 123 | 王五 |
| * | | | | |

图 9-30　显示 User 表信息的运行效果

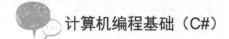

**实现步骤**

**步骤 1**：创建 SqlConnection 对象。

**步骤 2**：创建 SqlDataAdapter 对象，并读取数据。

**步骤 3**：创建 DataTable 对象，并使用 SqlDataAdapter 对象填充数据。

**步骤 4**：使用 DataGridView 控件显示 DataSet 组件。

**上机阶段三（60 分钟内完成）**

上机目的：掌握控件的使用。

上机要求：使用 TreeView 控件和 DataGridView 控件重新设计和实现电影信息列表窗体，要求电影分类信息采用树控件来显示，而且需要作为树控件的二级节点显示。电影信息列表采用 DataGridView 控件实现。单击树控件上不同的分类名称，可以在 DataGridView 控件中显示该分类下的所有电影信息。运行效果如图 9-31 所示。

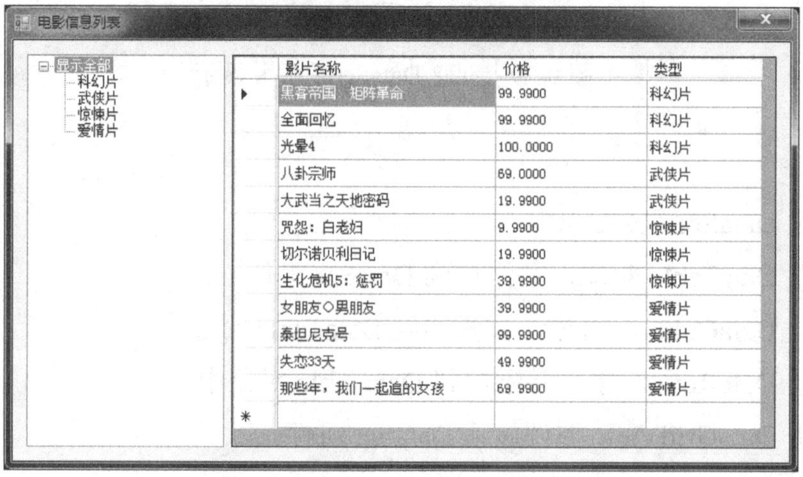

图 9-31　显示电影信息列表的效果

**实现步骤**

**步骤 1**：读取 FilmType 信息并显示在 TreeView 控件中。

**步骤 2**：创建方法，根据 TreeView 控件选中的节点信息读取电影信息，并显示在 DataGridView 控件中。

**步骤 3**：在 TreeView 控件的 AfterSelect 事件中调用刚才的方法实现数据的筛选。

**步骤 4**：运行并查看效果。

# 课后实践 9

## 1．选择题

（1）DataSet 数据集是一个数据容器，可看成是内存中的一个临时数据库，它与数据源没有直接的联系（    ）（选 1 项）。

    A．错

    B．对

（2）以下描述正确的是（    ）（选 1 项）。

    A．DataSet 组件中可以包含多个 DataTable 对象

    B．DataTable 通常是基于 DataView 控件创建的

    C．DataSet 组件是由 DataColumn 对象和 DataRow 对象组成的

    D．以上都错

（3）以下关于 DataSet 组件描述错误的是（    ）（选 2 项）。

    A．DataSet 组件中可以创建多个表

    B．DataSet 组件的数据存放在内存中

    C．DataSet 组件中的数据不能修改

    D．在关闭数据库连接时，不能使用 DataSet 组件中的数据

（4）下列属于 DataSet 组件特点的是（    ）（选 2 项）。

    A．用于读取只读、只进的数据

    B．在断开数据库连接时可以操作数据

    C．DataSet 组件中的数据存储在数据库服务器的内存中

    D．不直接和数据库交互，与数据库的类型没有关系

（5）使用（    ）对象向 DataSet 组件中填充数据（选 1 项）。

    A．Connection

    B．Command

    C．DataReader

    D．DataAdapter

## 2．代码题

（1）写出使用 SqlDataAdapter 填充 DataSet 组件的核心代码。

（2）现有一个由 ID、Name 和 Phone 三个字段组成的 DataTable 对象，请写出使用 ListView 控件显示该数据表的核心代码。

# 第 10 章

# 逻辑的三层结构

## 10.1　概述

三层结构是基于模块化程序设计的思想，为实现分解应用程序的需求，而逐渐形成的一种标准模式的模块划分方法。三层结构的优点在于不必为了业务逻辑上的微小变化而对整个程序进行修改，只需要修改商业逻辑层中的一个函数或一个过程；增强了代码的可重用性；便于不同层次的开发人员之间的合作，只要遵循一定的接口标准即可进行并行开发，最终将各个部分拼接在一起即可构成最终的应用程序。本章主要介绍三层结构的基本概念及如何搭建三层结构。

**本章主要内容：**

① 理解三层结构中各层的功能；

② 理解三层结构中各层之间的逻辑关系；

③ 掌握三层结构的搭建；

④ 理解 DataSet 在三层结构中的作用；

⑤ 理解 OOP 在三层结构中的作用；

⑥ 掌握使用 DataSet 和 OOP 在三层结构中数据传递的方法。

## 10.2　三层结构

为什么要使用三层结构呢？以下通过数据库的迁移来说明这个问题。

在一个程序中，访问数据库的程序代码散落在各个窗体中。这样"一动百动"的维护，难度可想而知。而且对这种维护工作的投入，是没有任何价值的。

有一个比较好的解决办法，即将访问数据库的代码全部放在一个程序文件中。这样，数据库平台一旦发生变化，只需要集中修改某个文件即可。这种"以不变应万变"的做法其实是简单的"门面模式"应用。如果把一个软件比喻成一家大饭店，那么"门面模式"中的"门面"，就是饭店的服务生，而应用程序的使用者，就是一位顾客。顾客只需要发送命令给服务生，服务生就会按照命令办事。至于服务生经历了多少辛苦才把事情办成则并不是顾客感兴趣的事情，顾客只要求服务生尽快把自己交待的事情办完。用户登录界面可以看成一位顾客发出的命令，新加入的界面代码可以看成饭店服务生，那么顾客发出的命令就是"读出用户数据库中的数据，填充到 DataSet 中并显示出来！"，而服务生接到命令后，就会依照命令执行。

## 10.2.1　三层结构的优点

三层结构的优点如下。

① 项目结构清晰，分工更明确，有利于后期的维护和升级。三层结构并不能使系统变快，实际上它会比"单类结构"要慢。但越来越多的开发人员使用三层结构，因为三层结构十分清晰，一个类、一个文件该放在哪层就放在哪层，不会像单类结构那样全部放在一个文件夹中，造成结构混乱。当然，使用三层结构的原因不止如此，它在团队开发、系统可维护性方面也有十分重要的意义。

② 有利于标准化。在设计分层式结构时，标准是必不可少的。只有经过标准化的设计，这个系统才是可扩展的、可替换的。三层结构中，层与层之间的通信也要遵循标准化设计。

③ 安全性高。用户端只能通过逻辑层来访问数据层，减少了入口点，把很多有安全隐患的系统功能屏蔽了。它允许利用功能层有效地隔开表示层与数据层，使未授权用户难以绕过功能层去访问数据层，这就为严格的安全管理奠定了坚实的基础，使整个系统的管理层次更加合理和可控。

④ 允许更灵活有效地选用相应的平台和硬件系统，使之在处理负荷能力与特性上分别适用于结构清晰的三层，并且这些平台和各个组成部分都具有良好的可升级性和开放性。例如，最初用一台 Windows 2003 工作站作为服务器，将数据层和功能层都配置在这台服务器上。随着业务的发展，用户数量和数据量逐渐增加，这时可以将 Windows 2003 工作站作为功能层的专用服务器，再追加一台专用于数据层的服务器。倘若业务再进一步扩大，用户数量进一步增加，则可以继续增加功能层的服务器数目，用以分割数据库。清晰、合理地分割三层结构并使其独立，可以使系统构成的变更非常简单。因此，被分成三层的应用基本上不需要修正。

⑤ 三层 C/S 结构中，应用的各层可以并行开发，各层也可以选择最适合的开发语言，使之并行且高效地进行开发，达到较高的性能价格比，使每一层处理逻辑的开发和维护也会更容易。

### 10.2.2 三层结构的缺点

三层结构的缺点如下。

① 降低了系统的性能。如果不采用分层式结构，很多业务可以直接访问数据库，以此获取相应的数据，但使用三层结构后必须通过中间层来完成。

② 有时会导致级联的修改。如果在表示层中需要增加一个功能，为保证其设计符合分层式结构，可能需要在相应的业务逻辑层和数据访问层中增加相应的代码。

概括来说，分层式设计可以达到如下目的，即分散关注、松散耦合、逻辑复用、标准定义。一个好的分层式结构，可以使开发人员的分工更加明确。一旦定义好各层次之间的接口，负责不同逻辑设计的开发人员就可以分散协作，齐头并进。

松散耦合的好处是显而易见的。如果一个系统没有分层，那么各自的逻辑就会紧紧纠缠在一起，彼此间相互依赖，哪个都不可替换，一旦发生改变，对项目的影响会极为严重。降低层与层间的依赖性，既可以良好地保证未来的可扩展性，在复用性上优势也很明显。每个功能模块一旦定义好统一的接口，则可以被各个模块调用，而不用为相同的功能进行重复开发。

### 10.2.3 三层结构的组成

在软件体系架构设计中，分层式结构是最常见，也是最重要的一种结构。微软公司推荐的分层式结构一般分为三层，从下至上分别为数据访问层（Data Access Layer，DAL）、业务逻辑层（Business Logic Layer，BLL）和表示层（Presentation Layer，PL），如图 10-1 所示。

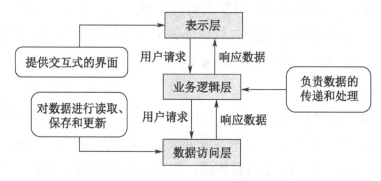

图 10-1　三层结构间的关系

数据访问层：负责数据库的访问。简单来说，就是实现对数据表的 Select、Insert、Update 和 Delete 操作。

业务逻辑层：整个系统的核心，它与这个系统的业务（领域）有关。以音像店管理程序为例，业务逻辑层的相关设计均与音像店特有的逻辑相关，如查询电影、下订单、添加电影信息等。如果涉及数据库的访问，则调用数据访问层。

表示层：系统的 UI 部分，负责使用者与整个系统的交互。在这个层中，理想的状态不应包括系统的业务逻辑。表示层中的逻辑代码，仅与界面元素有关。

怎样理解三层结构呢？一个三层结构的应用程序就像一家小餐馆。表示层像餐馆的服务生；业务逻辑层像餐馆的厨师；数据访问层像餐馆的采购员。而这些程序的使用者，就是餐馆的顾客。

我们去一家餐馆吃饭，首先要看菜谱，然后唤来服务生，告诉他想要吃的菜肴。服务生记录之后会马上通知厨师烹制，厨师收到通知后，整理需要的原料，把原料单给采购员，采购员把采购来的原料送回给厨师，厨师立刻开始烹制菜肴。菜肴准备好后，服务生把菜肴端到顾客的桌位上。

而在使用应用程序时，首先打开的是一个窗体。这个窗体的后台程序会调用业务逻辑层的相应函数来获取结果。业务逻辑层又会调用数据访问层的相应函数来获取结果。数据访问层从数据库获得相应数据，并把结果返回给业务逻辑层，业务逻辑层把获得的结果交给表示层呈现出来。整个对应关系如图 10-2 所示。

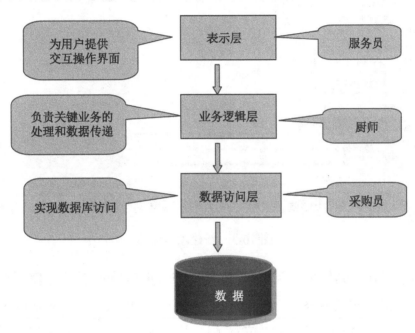

图 10-2 三层结构对应关系

# 10.3 建立三层结构

我们已经学习了三层结构的优点，及其各层的作用，现在以音像店管理程序为例来建立三层结构。

一个典型的三层结构应用程序的建立过程需要经过以下 5 个步骤。

① 创建解决方案。

② 添加表示层。

③ 添加业务逻辑层。

④ 添加数据访问层。

⑤ 建立层次之间的逻辑关系。

### 10.3.1 创建解决方案

三层结构中的应用程序不再是由一个单独的项目组成的，而是由多个不同类型的项目组成，为了更好地管理这些项目，需要用到解决方案。事实上，解决方案只是管理多个项目的一种方法，在三层结构中并没有其他功能。

在 VS 2010 环境的起始页中找到"新建项目"，单击该按钮后打开"新建项目"对话框，如图 10-3 所示。

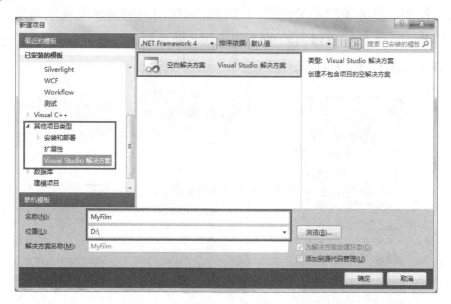

图 10-3　新建项目窗体

在该对话框中展开"其他项目类型"，选择"Visual Studio 解决方案"选项。解决方案只有一个模板，即"空白解决方案"，选中该模板后在"名称（N）:"文本框中输入解决方案的名称，这里输入的是"MyFilm"。在"位置（L）:"文本框中可以输入或选择解决方案存放的位置，事实上解决方案只会创建一个以方案名称命名的文件夹及一个 SLN 格式的文件。

打开解决方案资源管理器，可以看到新创建的解决方案中没有任何东西，如图 10-4 所示。

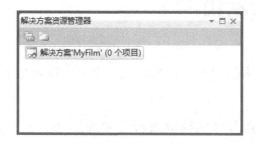

图 10-4　新创建的解决方案

### 10.3.2 添加各个层次

一个空的解决方案什么都做不了，因此需要为这个解决方案添加所需的项目。在解决方案上右击，弹出快捷菜单，选择"添加（D）"→"新建项目（N）..."选项，如图 10-5 所示。

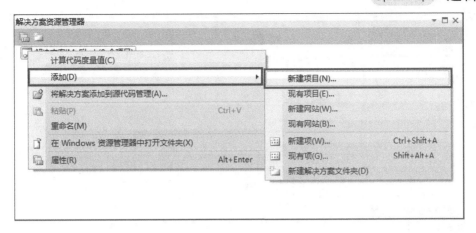

图 10-5　添加新项目

打开"添加新项目"对话框，在窗体的左侧"已安装的模板"中选择"Visual C#"选项，首先创建的是表示层，因为表示层负责和用户交互，即所谓的界面，因此选择 Windows 窗体应用程序作为表示层。

在"添加新项目"对话框中选择"Windows 窗体应用程序"模板，在"名称（N）:"文本框中输入项目的名称，项目的存放位置系统已经设置好，会自动放置到解决方案文件夹下，这里不需要修改，单击"确定"按钮。这样即可在解决方案中添加一个 Windows 窗体应用程序，如图 10-6 所示。

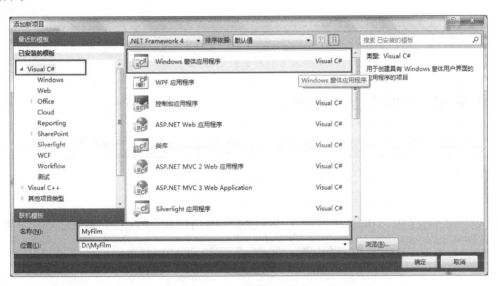

图 10-6　添加表示层

添加业务逻辑层的过程和添加表示层类似，在解决方案上右击，在弹出的快捷菜单中选择"添加（D）"→"新建项目（N）…"选项，打开"添加新项目"对话框，依然选择"Visual C#"选项，但是在项目模板中选择"类库"，因为业务逻辑层不需要单独执行，它只为外观层提供服务。在"名称（N）:"文本框中输入项目名称单击"确定"按钮完成添加，如图 10-7 所示。

图 10-7　添加业务逻辑层

数据访问层的添加过程和项目类型与业务逻辑层是一样的，如图 10-8 所示。

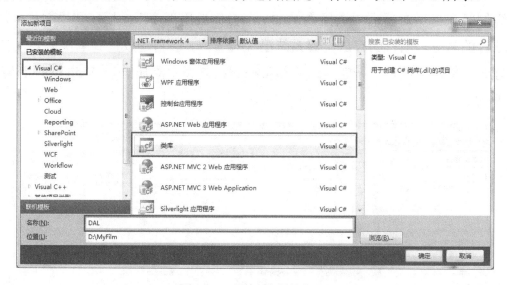

图 10-8　添加数据访问层

三个项目添加完成后，可以在解决方案资源管理器中进行查看，如图 10-9 所示。

图 10-9　项目添加完成

### 10.3.3 建立依赖关系

此时，虽然三层结构的基本框架已经搭建成功，但是各层之间是独立的。只有添加依赖关系才能使它们相互协作。根据三层结构的组成，可知这些项目是自上而下建立起依赖关系的，即外观层依赖于业务逻辑层，而业务逻辑层依赖于数据访问层，通过右击可以建立它们之间的依赖关系。在解决方案资源管理器中找到外观层项目并右击，在弹出的快捷菜单中选择"添加引用（F）..."选项，如图 10-10 所示。也可以在项目的引用位置右击，在弹出的快捷菜单中选择"添加引用（F）..."选项，效果是一样的，如图 10-11 所示。

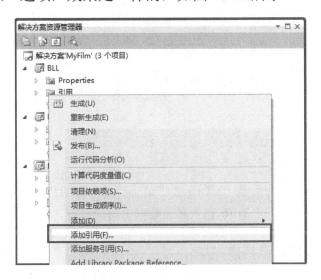

图 10-10　添加引用（一）

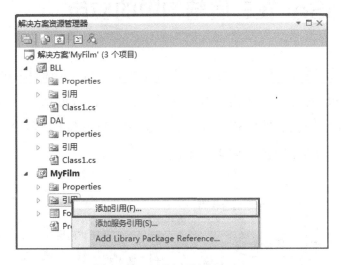

图 10-11　添加引用（二）

无论采用哪种方式都会打开"添加引用"对话框，这里可以看到解决方案中的另外两个项目，因为外观层依赖于业务逻辑层，因此这里选择"BLL"选项，单击"确定"按钮后即可建立起它们之间的依赖关系，如图 10-12 所示。

添加业务逻辑层与数据访问层之间的依赖关系的过程是一样的，只是在"添加引用"对话框中选择的是"DAL"选项，如图 10-13 所示。

**计算机编程基础（C#）**

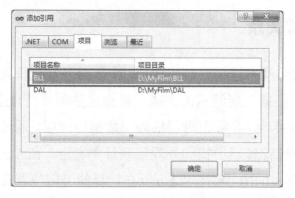

图 10-12　添加业务逻辑层引用

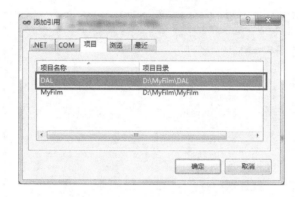

图 10-13　添加数据访问层引用

至此，一个三层结构项目已搭建完毕。

# 10.4　DataSet 在三层结构中的应用

在开发三层结构应用系统时，在表示层、业务逻辑层、数据访问层中如何使用 DataSet 呢？在三层结构中，DataSet 的构建与解析工作主要在表示层、数据访问层完成，业务逻辑层主要对 DataSet 中的数据进行加工、处理和传递。简单来说，DataSet 是整个三层结构中数据传递的介质。三层结构中的 DataSet 如图 10-14 所示。

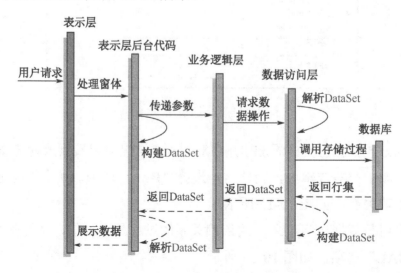

图 10-14　三层结构中的 DataSet

下面以音像店管理程序中的电影信息管理为例，详细了解 DataSet 在各个层次中的应用。

## 10.4.1　在数据访问层中使用 DataSet

在数据访问层中使用 DataSet 时需要进行的操作如下。

① 将数据库中的数据填入 DataSet 中。当用户的请求是查询请求时，数据访问层需要实现对数据库的查询访问，并将响应结果填充到 DataSet 中。

② 将 DataSet 中的数据保存到数据库中。当用户的请求是数据保存时，数据访问层首先对收到的 DataSet 进行解析，然后将解析出的数据保存到数据库中。

数据访问层的 DataSet 应用如图 10-15 所示。

图 10-15　数据访问层的 DataSet

在三层结构中，数据访问层的主要职责是完成数据的存取工作。一般来说，数据访问层包含两种类：一种类指封装了所有对数据库进行操作的方法，被称为数据库操作类；另一种类指封装了对具体对象进行操作的方法，被称为对象操作类。下面以电影信息管理为例，实现这些类。

首先，需要完成数据库操作类。在解决方案资源管理器中找到 DAL 项目，添加项目后系统会自动创建一个名为 Class1.cs 的类文件，需要将这个文件重命名为 SQLHelp.cs。尽管没有特别的规范要求，但是一般在编写数据库操作类时，文件名会由数据库系统名称+Help 组成，如这里的 SQLHelp.cs，如果是 Oracle 数据库，则是 OracleHelp.cs。

重命名后双击打开该文件，可以看到系统会自动对类名做同样的修改，如图 10-16 所示。

既然是对 SQL Server 数据库做操作，那么首先需要调整整个类的名称空间引入。

```
using System;
using System.Data;
using System.Data.SqlClient;
using System.Configuration;
```

这些名称空间都是介绍过的，这里不再详细说明。下面开始设计 SQLHelp 类。我们一直强调所有数据库操作都要建立在连接的基础上，而连接需要一个连接字符串，为了方便使用，在类中可声明一个全局的字符串类型的变量，用来保存数据库连接字符串。

```
string connStr = ConfigurationManager.ConnectionStrings["SQL"].
ConnectionString;
```

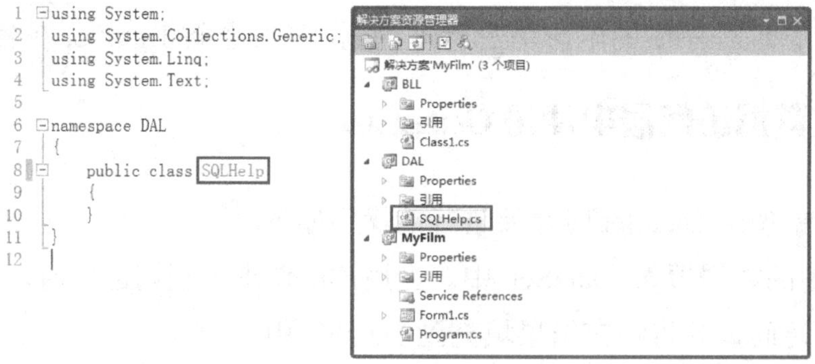

图 10-16　数据库操作类

完整的 SQLHelp 类由很多方法组成，本节只完成需要使用的方法。

```csharp
public DataSet FillTable(string sql)
{
    using(SqlConnection cn = new SqlConnection(connStr))
    {
        DataSet ds = new DataSet();
        SqlDataAdapter da = new SqlDataAdapter(sql, cn);

        try
        {
            da.Fill(ds);
            return ds;
        }
        catch
        {
            return null;
        }
        finally
        {
            ds.Dispose();
            da.Dispose();
        }
    }
}
```

这是一个完整的数据库查询方法，其作用是根据用户传递的 SQL 查询语句，从 SQL Server 数据库中提取数据并以 DataSet 对象的方式返回给用户。在这个方法中综合运用了 using 自动对象回收、异常捕获和处理等技巧。唯一需要注意的是，在 try 结构中的 finally 块，分别调用了 DataSet 对象和 DataAdapter 对象的 Dispose()方法，该方法的作用是通知系统释放对象占用的资源。

FillTable()方法只包含了对 SQL Server 数据库的相关操作，如果要完成对电影对象的操作，则需要添加一个新的类，即前面提到过的对象操作类。因为是操作对象，所以在这种类中会包含 Insert、Update、Select 和 Delete 4 种方法。另外，为了方便管理，一般会为每个对象单独创建一个类文件。例如，这里可以添加一个新的类文件，用来对电影对象进行操作。

在解决方案资源管理器中找到 DAL 项目并右击，在弹出的快捷菜单中选择"添加（D）"

→ "新建项（W）…"选项，打开"添加新项-DAL"对话框，如图 10-17 所示。

图 10-17　添加新项

在该窗体中可以看到所能添加的项，这里选择"类"选项，在窗体下方的"名称（N）："文本框中输入新添加的类名称，因为是数据访问层的对象操作类，所以类在命名时一般采用对象名+DAL 作为其名称，如 FilmDAL。单击"添加（A）"按钮后会在 DAL 项目中添加一个名称为 FilmDAL 的类文件，双击该文件即可继续操作。

首先是名称空间的引入：

```
using System;
using System.Data;
```

因为主要是操作对象，所以不需要太多其他名称空间。其次是类结构的设计，对象操作类一般包含如下 4 个方法。

```
public class FilmDAL
{
    public DataSet GetFilm()
    { }

    public int InsertFilm()
    { }

    public int UpdateFilm()
    { }

    public int DeleteFilm()
    { }
}
```

当然，现阶段只需要实现 GetFilm()方法。

```
public DataSet GetFilm()
{
        SQLHelp help = new SQLHelp();
```

```
        DataSet ds = help.FillTable("select * from vw_Film");
        return ds;
    }
```

方法体非常简单，只有三行代码。首先，创建了一个 SQLHelp 类的对象，用来完成具体的数据库操作，然后创建了一个 DataSet 对象，并通过调用 SQLHelp 对象的 FillTable()方法来填充 DataSet 对象，填充的方式是作为参数的字符串类型的 SQL 查询语句。

此时会发现，尽管程序复杂了，但是却比以前灵活。SQLHelp 类根本不需要关心是哪个对象要操作数据库，只要根据传递来的 SQL 语句完成操作即可。FilmDAL 类不知道数据究竟是从哪里来的，只要给出一条查询语句即可。这样，不管是数据库发生变化还是对象发生变化，只要这两个对象用来"交谈"的 FillTable()方法不变，则程序不会发生太大的变化。

### 10.4.2　在业务逻辑层中使用 DataSet

完成了数据访问层后，继续设计业务逻辑层。在业务逻辑层中使用 DataSet 时需要进行的操作如下。

① 将接收到的 DataSet 传递到下一层。业务逻辑层的主要职责是数据传递与处理。当业务逻辑层收到数据访问层返回的 DataSet 后会将 DataSet 传递给表示层，或者将表示层请求的 DataSet 传递给数据访问层。

② 根据用户请求对 DataSet 中的数据进行处理。当业务逻辑层收到数据访问层的请求或响应的 DataSet 后，根据用户的请求（如条件筛选数据）或业务规则对 DataSet 中的数据进行处理。

业务逻辑层的 DataSet 如图 10-18 所示。

图 10-18　业务逻辑层的 DataSet

在三层结构中，业务逻辑层是表示层与数据访问层的桥梁，可实现数据的传递与处理。具体到音像店管理程序中，需要在业务逻辑层实现电影信息的传递与处理。同样，对不同类型信息的处理与传递要写在不同的类中。

和数据访问层一样，业务逻辑层类的命名方式是对象名+BLL，因此需要在解决方案资源管理器中找到 BLL 项目，将系统默认添加的 Class1.cs 文件重命名为 FilmBLL.cs，这样系统会将类名也命名为 FilmBLL。下面可以编写代码来完成相关的功能，首先是名称空间的引入。

```
    using System;
    using System.Data;
```

```
using DAL;
```

因为业务逻辑层需要通过数据访问层来完成对数据的各种操作,所以这里需要添加对数据访问层名称空间的引用。然后要实现 FilmBLL 类。

```
public class FilmBLL
{
    public DataSet GetFilm()
    {
        FilmDAL filmDAL = new FilmDAL();
        return filmDAL.GetFilm();
    }
}
```

在这段代码中为 FilmBLL 添加了一个 GetFilm()的方法,用来查询所有电影信息。既然通过数据访问层完成功能,则要先创建一个 FilmDAL 类,然后调用该对象的 GetFilm()方法来返回已经填充了电影信息的 DataSet 对象。

### 10.4.3　在表示层中使用 DataSet

在表示层中使用 DataSet 时需要进行的操作如下。

① 将 DataSet 中的数据展示给用户。我们已学习了很多用于数据展示的控件,如 DataGridView、ComboBox 等,它们都有一个属性 DataSource,一般直接将 DataSet 或 DataTable 绑定到 DataSource 属性即可实现数据展示。

② 将用户请求数据填充到 DataSet 中。首先需要构建一个结构与用户请求数据结构相同的 DataTable,然后将用户的请求数据填充到构建好的 DataTable 中,最后将 DataTable 添加到 DataSet 中。

表示层的 DataSet 如图 10-19 所示。

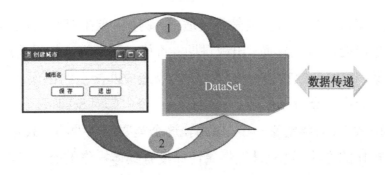

图 10-19　表示层的 DataSet

下面要将电影信息显示出来,界面设计可以参考已学的相关内容,这里只提供改进后的代码设计。

```
private void BindListView()
{
    FilmBLL filmBLL = new FilmBLL();

    dtFilm = filmBLL.GetFilm().Tables[0];
    DataView dv = new DataView(dtFilm);
```

```
                    lsvShowData.Items.Clear();
                    foreach (DataRowView dr in dv)
                    {
                        ListViewItem item = new ListViewItem();

                        item.Tag = (int)dr["ID"];
                        item.SubItems[0].Text = (string)dr["Name"];
                        item.SubItems.Add((string)dr["Actors"]);
                        item.SubItems.Add(string.Format("{0:C}", dr["Price"]));
                        item.SubItems.Add((string)dr["TypeName"]);

                        lsvShowData.Items.Add(item);
                    }
                }
```

其中数据绑定部分的代码变动并不大，但是完全没有了关于数据库的操作，数据的提取是通过业务逻辑层的 FilmBLL 类的 GetFilm()方法来完成的，而不是直接通过数据库读取。

# 10.5　OOP 在三层结构中的应用

在三层结构中，DataSet 的主要作用是作为数据的传递容器，如果需要将数据从表示层向数据访问层传递，即执行 Insert、Update 类型的操作，使用 DataSet 就会很麻烦，因为需要在表示层中构建 DataSet，然后在数据访问层中解析此 DataSet。因此，一般情况下会使用其他方式来解决这个问题。

## 10.5.1　实体类和实体层

对于大量的数据来说用变量做参数是不合适的，例如，要把某个新电影的所有信息传递到数据访问层，包括电影的名称、主演、出版日期、价格、类型等，如果使用变量作为参数，则方法中会有很多参数，这些参数在使用过程中很容易造成匹配上的错误。但是，如果将这些变量封装到一个实体对象中就会方便很多，只要传递一个电影对象即可。

为了实现这样的效果，需要定义一个电影类，这个类要用属性的方式定义电影的各种信息，而不需要提供任何操作的方法，这种只提供属性而没有具体操作的类在三层结构中被称为实体类，而全部由实体类构成的层次被称为实体层。

实体对象实际上对应数据库中的每张表，我们把表中的字段封装在一个实体对象中，想用哪个字段，就通过该实体对象的属性把这个字段提取出来。这比临时创建一个变量灵活得多，而且便于程序的维护和扩展。在实际的三层结构开发中，为了便于层和层之间的数据传递，将所有实体类统一放在一起，构成实体层。

实体类体现了面向对象程序开发的思想，即把大量的数据封装起来再传递。当然，如果只有一两个参数，那么传递实体或传递变量都可以。例如，想查询某个编号的学生信息，可以用 ID 为参数进行传递，没必要把它封装到实体对象中。但是如果需要添加一部新的电影，那么最好将电影的相关信息封装到一个实体对象中再传递。实体类在三层结构的应用如图 10-20 所示。

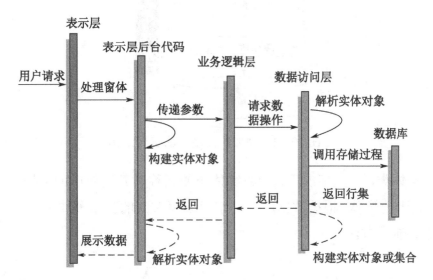

图 10-20　实体类在三层结构中的应用

　　应用实体类时，首先需要在解决方案中添加实体层，方式和添加其他层次一样，即在解决方案资源管理器中右击解决方案，在弹出的快捷菜单中选择"添加（D）"→"新建项目（N）…"选项。实体层也是类库类型的项目，名称一般是 Model，如图 10-21 所示。

图 10-21　添加实体层

　　因为实体层的作用是为其他几个层次提供服务，所以它需要被其他几个层次引用。添加引用的方式和原来是一样的，这里不再详细说明。在添加了实体层之后，三层结构会发生一些变化，总体上还是一个典型的三层结构，但是和最初的标准三层结构相比，有一些值得注意的地方，新的三层结构如图 10-22 所示。

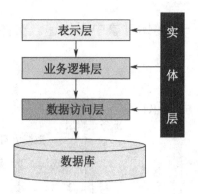

图 10-22　添加实体层后的三层结构

下面要创建实体类，一般情况下，会将实体类的名称与其所对应的数据库表名称设置为相同的。实体类一般比较简单，根据数据库中的字段编写对应的变量和属性即可。除了构造函数，实体类一般没有其他的方法。

```csharp
public class Film
{
    public Film() { }

    public int ID { get; set; }
    public string Name { get; set; }
    public string AddedBy { get; set; }
    public int TypeID { get; set; }
    public string Actors { get; set; }
    public int Amount { get; set; }
    public decimal Price { get; set; }
    public string Desc { get; set; }
    public int State { get; set; }
    public string TypeName { get; set; }
}
```

这段代码创建了电影信息的实体类，整个类的主体是电影信息的各种属性定义。有了实体类，可以在各个层次中使用它来完成数据的传递。

## 10.5.2　在数据访问层中使用实体类

在数据访问层中使用实体类时需要进行的操作如下：

① 将数据库的数据封装到实体对象中。当用户的请求是数据查询时，数据访问层需要实现对数据库的查询访问。当请求的结果只有一条记录时，将这条记录封装成一个实体对象。当请求的结果是多条记录时，可以使用 DataSet 对象。

② 将实体对象中的数据保存到数据库中。当用户的请求是数据保存请求时，数据访问层先对实体对象中封装的数据进行解析，然后将解析出的数据保存到数据库中。

在数据访问层中使用实体类如图 10-23 所示。

现阶段实体类在程序中主要负责为 Insert 操作和 Update 操作传递参数，既然要完成这两个操作，就需要层 SQLHelp 来调整程序。

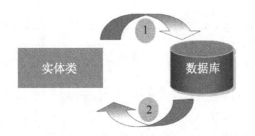

图 10-23　实体类在数据访问层中的应用

```
public int ExecQuery(string sql)
{
    using (SqlConnection cn = new SqlConnection(connStr))
    {
        SqlCommand cm = new SqlCommand(sql, cn);

        try
        {
            cn.Open();
            return cm.ExecuteNonQuery();
        }
        catch
        {
            return -1;
        }
        finally
        {
            cm.Dispose();
        }
    }
}
```

　　这时为 SQLHelp 类添加了第二个方法，该方法的作用是执行 SQL 语句，并通过 Command 对象的 ExecuteNonQuery()方法返回受影响的行数。我们已学习过 Command 对象的 ExecuteNonQuery()方法只是用来执行 Insert、Update 和 Delete 类型的操作。

　　这是一个构成比较简单的方法，首先通过 using 结构创建了 SqlConnection 对象，再通过用户传递的 SQL 语句和刚刚创建的 SqlConnection 对象创建了 SqlCommand 对象。在 try 结构中打开连接，通过 ExecuteNonQuery()方法执行了用户的 SQL 语句，并将执行的结果反馈给用户。

　　需要注意的是，这里使用了一个小技巧，ExecuteNonQuery()返回的是受影响的行数，因此该方法不可能返回负值，那么可以利用负值来表示程序的特殊状态，如果在这个方法中返回-1，则表示程序执行发生了异常。使用系统正常情况下不可能得到的值来表示程序异常状态是编程过程中经常会用到的一类技巧。

　　完成了对 SQLHelp 类的升级后，就要对 FilmDAL 类进行改造。首先，需要添加对 Model 名称空间的引用。

```
using Model;
```

这样可以方便地使用实体层定义的实体类，继续完善 FilmDAL 类。

```
public int InsertFilm(Film film)
{
```

```
        string sql = "insert into Film values('" + film.Name + "','" + film.AddedBy
+ "',";
        sql += film.TypeID + ",'" + film.Actors + "'," + film.Amount + "," +
film.Price;
        sql += ",'" + film.Desc + "'," + film.State + ")";

        SQLHelp help = new SQLHelp();
        return help.ExecQuery(sql);
    }
```

在这个方法中首先合成了一个 SQL 语句，用来向数据库中添加新的电影信息，虽然一部电影的信息很多，但是这些信息被封装到了一个 Film 对象中，因此该方法的参数只有一个。然后创建 SQLHelp 类，并且通过其 ExecQuery()方法将合成的 insert 语句发送到 SQL Server 数据库中执行，并返回执行的结果，即受影响的行数。

### 10.5.3　在业务逻辑层中使用实体类

业务逻辑层主要负责传递实体对象，并对该对象中封装的数据进行处理。

在业务逻辑层中使用实体类时需要进行的操作如下：

① 将接收到的实体对象传递到下一层。当业务逻辑层接收到装有信息的实体对象后，根据请求或响应将实体对象传到数据访问层或表示层。

② 根据用户请求将对象中的数据进行处理。当使用实体类开发三层结构应用系统时，数据处理来自两个方面。一方面来自业务实体对数据的处理，实体类本身是由属性组成的，大多数都具有可读写属性。所以根据请求的不同可以给属性设置不同的值，如当用户请求为空时，给属性设置默认值。另一方面来自业务逻辑层对数据的处理，如用户登录时，用户身份分为管理员和学员，此时业务逻辑层会根据用户身份进行不同的处理。

在业务逻辑层中使用实体对象如图 10-24 所示。

图 10-24　实体对象在业务逻辑层中的使用

在音像店管理程序中，添加了实体层后，FilmBLL 类也需要做相应的变化。首先，通过 using 关键字将实体层的名称空间引入。

```
    using Model;
```
然后，完成添加电影信息的方法。
```
    public string InsertFilm(Film film)
    {
```

```
        FilmDAL filmDAL = new FilmDAL();
        int count = filmDAL.InsertFilm(film);

        if (count > 0)
            return "成功添加电影!";

        if (count == 0)
            return "未添加成功!";

        return "添加操作发生错误!";
    }
```

该方法通过参数从表示层获得新添加的电影对象，在创建 FilmDAL 类的一个实例后，调用 InsertFilm()方法，并将这个电影对象传递给该方法，同时用一个整型变量获取该方法的返回值，即得到受影响的行数。下面通过对该整型变量的判断来返回具体的操作结果。这里需要注意受影响的行数为 0 的情况，因为在这种情况下程序可以正常执行，但是显然是有问题的，所以这里需要对这种情况加以说明。

### 10.5.4 在表示层中使用实体类

在表示层使用实体类时需要进行的操作如下。

① 解析实体对象中封装的数据并展示给用户。当表示层收到从业务逻辑层传递过来的实体对象时，表示层需要对实体对象中封装的信息进行解析。当用单个实体对象对数据展示时，每个实体对象对应数据库中的一条记录，通过对实体的解析，使用各种控件把数据显示出来。

② 将用户请求的数据封装到实体对象中。首先需要实例化实体对象，然后将用户的请求数据赋值给实体对象中对应的属性，最后将这个对象向下一层传递。

在表示层中使用实体类如图 10-25 所示。

图 10-25　在表示层中使用实体类

回到音像店管理程序中，要完成添加电影的功能，需要将界面制作出来，添加电影信息的窗体设计如图 10-26 所示。

事实上，这个窗体不但能够完成电影的添加，还能够完成电影信息的修改和详细信息的展示等，不管是添加新的电影信息，还是更新已有的电影信息，都可以通过单击"保存"按钮来完成，这就产生了一个问题：如何知道用户要做什么类型的操作呢？

其实很简单，在第 4 章中使用这个窗体显示电影详细信息时，需要将电影的编号作为参数传递到该窗体，再根据这个编号来完成数据的读取工作。这里可以使用特殊值来表示特殊状态。在数据库中电影的编号是从 1 开始自动增长的值，则可以使用类似-1 的值来表示特殊的状态，如添加状态。

图 10-26　添加电影信息窗体

有了这个思路后，可以来具体实现。首先，在电影信息列表窗体上增加一个"添加"按钮，在其 Click 事件处理程序中添加如下代码。

```
private void btnAdd_Click(object sender, EventArgs e)
{
    frmFilmDetails fd = new frmFilmDetails(-1);
    fd.ShowDialog();
}
```

经过这样的处理后，在电影详细信息窗体的"保存"按钮 Click 事件处理程序中可以编写如下代码。

```
private void btnSave_Click(object sender, EventArgs e)
{
    Film film = new Film();
    FilmBLL filmBLL = new FilmBLL();

    film.ID = filmID
    film.Name = txtName.Text;
    film.AddedBy = "admin";
    film.TypeID = (int)cboType.SelectedValue;
    film.Actors = txtActors.Text;
    film.Amount = 20;
    film.Price = decimal.Parse(txtPrice.Text);
    film.Desc = txtDesc.Text;
    film.State = 0;

    if(film.ID == -1)
        MessageBox.Show(filmBLL.InsertFilm(film), "系统提示");
    else
        MessageBox.Show(filmBLL.UpdateFilm(film), "系统提示");

}
```

可以看到，添加和更新操作的前半部分是一样的，都需要从界面控件中读取用户输入的数据，并且放置到实体对象相应的属性中，在最后通过业务逻辑对象完成操作时，需要做一个简单的判断，根据刚才分析的结果，如果电影的编号等于-1，则说明用户要做添加操作，可调用业务逻辑对象的 InsertFilm()方法，否则就需要调用业务逻辑对象的 UpdateFilm()方法来完成对电影信息的更新操作。添加电影信息的执行效果如图 10-27 所示。

图 10-27　添加电影信息

本章介绍了三层结构。三层结构只是一种程序的组织形式，它虽然会使程序变得复杂，但是能够适应用户的各种变化。典型的三层结构由表示层、业务逻辑层和数据访问层组成，每个层都有自己不同的任务，三个层次相互配合共同完成程序的各种功能。

学习了程序的调试技巧。当程序变得越来越庞大时，出错的概率也会随之增大，熟练掌握调试工具和调试技巧将会帮助程序员制作出高质量的应用程序。

# 上机操作 10

总目标：

① 掌握三层结构的搭建。

② 掌握 DataSet 在三层结构中的使用。

③ 掌握 OOP 在三层结构中的使用。

**上机阶段一（20 分钟内完成）**

上机目的：掌握三层结构的搭建。

上机要求：将权限管理系统改造成为三层结构。

**实现步骤**

**步骤 1**：创建 Perm 解决方案。

**步骤 2**：添加表示层项目 Perm。

**步骤 3**：添加业务逻辑层项目 PermBLL。

**步骤 4**：添加数据访问层项目 PermDAL。

**步骤 5**：建立依赖关系。

**上机阶段二（30 分钟内完成）**

上机目的：掌握 DataSet 在三层结构中的使用。

上机要求：使用 DataSet 在三层结构中读取，并显示 User 表中的数据。

**实现步骤**

**步骤 1**：添加 SQLHelp.cs 文件，并完成 SQLHelp.FillTable()方法。

**步骤 2**：添加 UserDAL.cs 文件，并完成 UserDAL.GetUser()方法。

**步骤 3**：添加 UserBLL.cs 文件，并完成 UserBLL.GetUser()方法。

**步骤 4**：添加 frmUserList.cs 文件，并完成用户信息显示。

**步骤 5**：运行并查看效果。

**上机阶段三（50 分钟内完成）**

上机目的：掌握 OOP 在三层结构中的使用。

上机要求：使用 OOP 在三层结构中添加、更新用户信息。

**实现步骤**

**步骤 1**：在 Perm 解决方案中添加 Model 层，并设置相关依赖关系。

**步骤 2**：在 Model 层中添加 User.cs 文件，并完成 User 实体类。

**步骤 3**：在 SQLHelp.cs 文件中添加 SQLHelp.ExecQuery()方法。

**步骤 4**：在 UserDAL.cs 文件中添加 UserDAL.InsertUser()和 UserDAL.UpdateUser()的方法。

**步骤 5**：在 UserBLL.cs 文件中添加 UserBLL.InsertUser()和 UserBLL.UpdateUser()的方法。

**步骤 6**：添加 frmUserDetails.cs 文件，并完成用户添加和用户更新功能。

**步骤 7**：运行并查看效果。

# 课后实践 10

## 1. 选择题

（1）下面（　　　）不属于采用分层设计开发时带来的问题（选 3 项）。

    A．操作数据库的代码与界面混合在一起，一旦数据库发生变化，代码的改动量都很大

    B．表示层只存放用户界面的相关代码

    C．当客户要求更换界面时，因为代码的混杂，改动工作量很大

    D．不利于协作开发，如负责用户界面设计的程序员必须对美工、业务逻辑、数据库等各方面知识都非常了解

（2）业务逻辑层的主要功能是（　　　）（选 2 项）。

    A．直接访问数据库

    B．根据业务规则对数据进行加工和处理

    C．与相邻的表示层和数据访问层进行数据交换

    D．接收用户输入的信息

（3）表示层既可直接引用业务逻辑层，也可直接引用数据访问层（　　　）（选 1 项）。

    A．对

    B．错

（4）[表示层]、[业务逻辑层]、[数据访问层]正确的引用依赖关系是（　　　）。（选 1 项）。

    A．[业务逻辑层]依赖[表示层]，[表示层]依赖[数据访问层]

    B．[表示层]依赖[数据访问层]，[数据访问层]依赖[业务逻辑层]

    C．[表示层]依赖[业务逻辑层]，[业务逻辑层]依赖[数据访问层]

    D．[数据访问层]依赖[业务逻辑层]，[业务逻辑层]依赖[表示层]

（5）在三层结构中，（　　　）负责数据的存取工作（选 1 项）。

    A．表示层

    B．业务逻辑层

    C．数据访问层

    D．都可以

## 2. 代码题

（1）完成音像店管理程序中电影类型的相关操作（查询、添加和更新）。

（2）完成音像店管理程序中电影信息的更新功能。

（3）完成音像店管理程序中用户信息的删除功能。

# 反侵权盗版声明

　　电子工业出版社依法对本作品享有专有出版权。任何未经权利人书面许可，复制、销售或通过信息网络传播本作品的行为；歪曲、篡改、剽窃本作品的行为，均违反《中华人民共和国著作权法》，其行为人应承担相应的民事责任和行政责任，构成犯罪的，将被依法追究刑事责任。

　　为了维护市场秩序，保护权利人的合法权益，我社将依法查处和打击侵权盗版的单位和个人。欢迎社会各界人士积极举报侵权盗版行为，本社将奖励举报有功人员，并保证举报人的信息不被泄露。

举报电话：（010）88254396；（010）88258888

传　　真：（010）88254397

E-mail：　dbqq@phei.com.cn

通信地址：北京市万寿路 173 信箱

　　　　　电子工业出版社总编办公室

邮　　编：100036